概率论与数理统计
期末试卷精解精练

方 兴 蒋丹华 夏治南 张 隽 编

机 械 工 业 出 版 社

本书由经验丰富的教师团队根据多年教学经验编写而成,旨在帮助学生全面理解和掌握"概率论与数理统计"课程的核心知识与解题技巧,注重提高解题效率和实际应用能力,为将来的专业学习和研究奠定坚实的基础.本书按照浙江工业大学的课程要求和考试标准编排,包括8套历年真题详解及全部试题分析,适合学习"概率论与数理统计"课程的本科生和研究生使用.

本书分为两部分:第一部分汇集历年试卷,涵盖填空题、选择题以及解答题,为学生提供实际的考试体验;第二部分为试卷详解,包括知识点、思路分析、解答过程,帮助学生深化理解.

图书在版编目(CIP)数据

概率论与数理统计期末试卷精解精练 / 方兴等编.

北京:机械工业出版社,2025. 1. -- ISBN 978-7-111
-77220-0

I. O21-44

中国国家版本馆 CIP 数据核字第 2024HV2666 号

机械工业出版社(北京市百万庄大街 22 号 邮政编码 100037)

策划编辑:汤 嘉   责任编辑:汤 嘉 张金奎
责任校对:郑 婕 陈 越   封面设计:王 旭
责任印制:邰 敏

三河市航远印刷有限公司印刷

2025 年 2 月第 1 版第 1 次印刷

169mm×239mm · 10.25 印张 · 185 千字

标准书号:ISBN 978-7-111-77220-0

定价:29.80 元

电话服务   网络服务

客服电话:010-88361066   机 工 官 网:www.cmpbook.com
        010-88379833   机 工 官 博:weibo.com/cmp1952
        010-68326294   金 书 网:www.golden-book.com
封底无防伪标均为盗版   机工教育服务网:www.cmpedu.com

前　言

　　"概率论与数理统计"是理工科专业的一门核心基础课程, 在浙江工业大学的教学体系中具有重要的地位. 经过多年的建设与积累, 该课程已形成了独特的教学风格和丰富的教学资源. 为了系统总结这些成果, 并为广大师生提供一套全面、实用的学习材料, 课程组的老师们经过深入讨论和精心策划, 决定编写一套适合本校及多数本科院校的"概率论与数理统计"系列丛书.

　　本系列丛书共包含五本: 主教材《概率论与数理统计》及其配套的用 LaTeX 制作的 PPT、《概率论与数理统计配套作业》(含视频讲解)、《概率论与数理统计习题集》(含知识点视频解析)、《概率论与数理统计期末试卷精解精练》(含视频讲解) 以及《概率论与数理统计实验教程》(含视频讲解). 本系列丛书设计合理, 内容全面, 旨在帮助师生更好地理解和掌握这门课程的核心知识, 并提升实际应用能力.

　　本系列丛书以主教材为中心,《概率论与数理统计配套作业》和《概率论与数理统计习题集》为辅助练习,《概率论与数理统计实验教程》为拓展内容,《概率论与数理统计期末试卷精解精练》则用于检验学生的学习成果. 为了方便教师授课, 主教材配备了 PPT 课件, 作业本附有答案, 方便教师批改. 为了让学生更好地学习,《概率论与数理统计配套作业》《概率论与数理统计习题集》《概率论与数理统计期末试卷精解精练》及《概率论与数理统计实验教程》都提供了相应的讲解视频.

　　本书是丛书的第 4 本, 是检验学生学习效果的重要工具. 本书精选了历年期末真题, 通过详细的解析和练习, 帮助学生抓住考试重点, 熟悉考试题型, 提高应试能力. 视频讲解的加入, 让学习更加便捷和高效.

　　本系列丛书的作者们均来自教学一线, 对课程内容有深入的理解和丰富的经验. 在编写过程中, 他们注重知识的系统性和完整性, 同时强调实用性和趣味性, 力求让学生在轻松愉快的氛围中掌握课程精髓. 由于本系列丛书由同一批作者编写, 各部分内容相互有机衔接, 形成了一个完整、统一的知识体系. 我们相信, 本系列丛书的出版, 将为广大师生提供一个优质的学习平台, 助力他们在概率论与数理统计的学习道路上取得更好的成绩.

　　最后, 衷心感谢所有参与本系列丛书编写的老师们, 以及为本系列丛书的出版付出努力的编辑们和其他工作人员. 希望本系列丛书能成为广大师生的得力助手, 共同推动 "概率论与数理统计" 课程的发展.

　　由于编者水平有限, 书中难免存在不足之处, 恳请读者批评指正.

编　　者

二维码清单

期末试卷 1

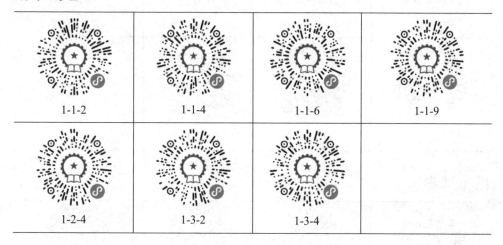

1-1-2	1-1-4	1-1-6	1-1-9
1-2-4	1-3-2	1-3-4	

期末试卷 2

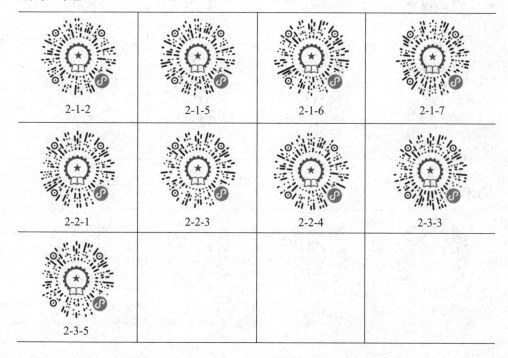

2-1-2	2-1-5	2-1-6	2-1-7
2-2-1	2-2-3	2-2-4	2-3-3
2-3-5			

期末试卷 3

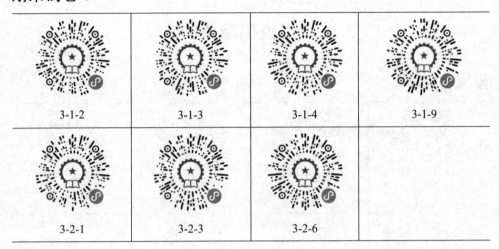

| 3-1-2 | 3-1-3 | 3-1-4 | 3-1-9 |
| 3-2-1 | 3-2-3 | 3-2-6 | |

期末试卷 4

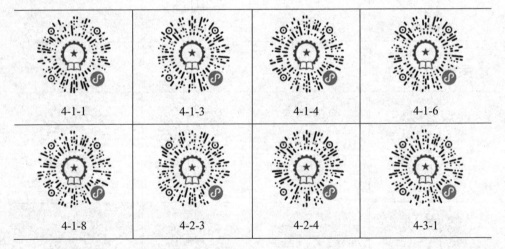

| 4-1-1 | 4-1-3 | 4-1-4 | 4-1-6 |
| 4-1-8 | 4-2-3 | 4-2-4 | 4-3-1 |

期末试卷 5

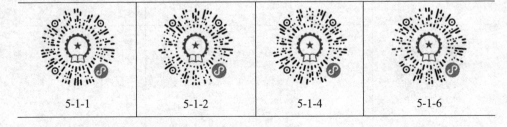

| 5-1-1 | 5-1-2 | 5-1-4 | 5-1-6 |

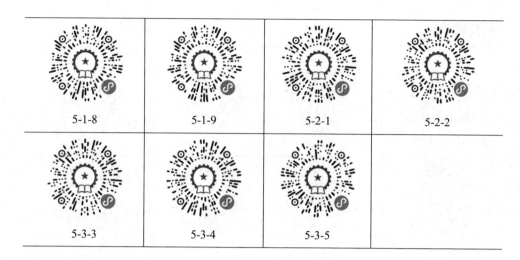

5-1-8	5-1-9	5-2-1	5-2-2
5-3-3	5-3-4	5-3-5	

期末试卷 6

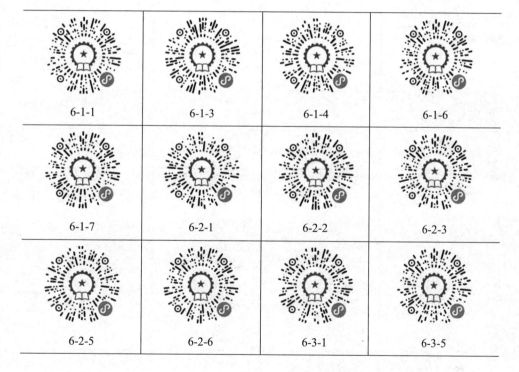

6-1-1	6-1-3	6-1-4	6-1-6
6-1-7	6-2-1	6-2-2	6-2-3
6-2-5	6-2-6	6-3-1	6-3-5

期末试卷 7

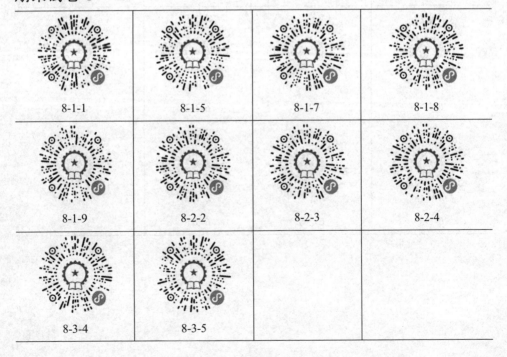

7-1-3	7-1-5	7-1-6	7-2-4
7-2-5	7-2-6	7-3-2	7-3-3
7-3-5			

期末试卷 8

8-1-1	8-1-5	8-1-7	8-1-8
8-1-9	8-2-2	8-2-3	8-2-4
8-3-4	8-3-5		

目　　录

前言

二维码清单

浙江工业大学概率论与数理统计期末试卷1

分位点数据:

$t_{0.05}(15) = 1.7531, t_{0.05}(16) = 1.7459, t_{0.025}(15) = 2.1315, t_{0.025}(16) = 2.1199$

一、填空题: 每空 2 分, 共 28 分.

1. 已知 $P(A\overline{B}) = 0.3, P(A) - P(B) = 0.1$, 则 $P(B\overline{A}) = $ _____.

2. 甲盒中有 2 个红球、3 个蓝球, 乙盒中有 1 个红球、2 个蓝球. 从两盒中分别选取 1 个球, 所取 2 个球颜色相同的概率是 _____.

3. 已知 $X \sim U(a,b)$, $P\{X < 0\} = E(X) = \dfrac{1}{3}$, 则 $a = $ _____, $b = $ _____.

4. 已知连续型随机变量 X 的分布函数 $F(x) = \begin{cases} 1, & x > \pi, \\ A + B\cos x, & 0 < x \leqslant \pi, \\ 0, & x \leqslant 0, \end{cases}$ 则

   $A = $ _____, $B = $ _____, X 的密度函数 $f(x) = $ _____.

5. 已知总体 X 的一组样本观测值为 101, 107, 98, 104, 106, 102, 则样本均值 $\overline{x} = $ _____, 样本方差 $s^2 = $ _____.

6. 已知总体 $X \sim N(1, 2^2)$, X_1, X_2, X_3, X_4, X_5 是 X 的样本,

$$C\frac{(X_1 + X_2 + X_3 - a)^2}{(X_4 - X_5)^2}$$

   服从 $F(1,1)$, 则常数 $a = $ _____, $C = $ _____.

7. 已知 $E(X) = 3, E(X^2) = 13$, 则由切比雪夫不等式, $P\{0 < X < 6\} \geqslant$ _____.

8. 设 $X \sim N(\mu, \sigma^2)$, μ, σ^2 均未知, $X_1, X_2, \cdots, X_n$ 是其样本, 则 μ 的置信水平为 $1 - \alpha$ 的双侧置信上限为 _____. (用分位点表示)

9. 设每箱货物的质量是随机的, 平均值为 $40\,\text{kg}$, 标准差为 $2\,\text{kg}$, 若每箱货物的质量是独立同分布的, 则由中心极限定理, 100 箱货物的总质量在 $3980\,\text{kg}$ 到 $4020\,\text{kg}$ 之间的概率约为 _____. (用标准正态分布的分布函数 $\Phi(\cdot)$ 表示)

二、选择题：每题 **3** 分, 共 **12** 分.

1. 已知 A, B, C 为随机事件. 若 $A \cup B = A \cup C$, 则   (   ).

(A) $A\bar{B} = C\bar{A}$ (B) $B\bar{A} = C\bar{A}$

(C) $A\bar{B} = A\bar{C}$ (D) $AB = AC$

2. 已知 X, Y 为随机变量, $\text{Var}(2X + 3Y) = \text{Var}(3X + 2Y)$, 则   (   ).

(A) $E(X) = E(Y)$ (B) $\text{Var}(X) = \text{Var}(Y)$

(C) $E(X^2) = E(Y^2)$ (D) $\text{Var}(X^2) = \text{Var}(Y^2)$

3. 已知随机变量 $X \sim \text{Exp}(\lambda)$, $Y \sim \text{Exp}(2\lambda)$, 令 $a = P\{X > 1\}, b = P\{Y > 1\}$, 则   (   ).

(A) $a = 2b$ (B) $b = 2a$

(C) $a = b^2$ (D) $b = a^2$

4. 已知总体 $X \sim P(\lambda)$, $X_1, X_2, \cdots, X_n$ 是 X 的一组样本, 则下面为 λ^2 无偏估计的是   (   ).

(A) $\left(\dfrac{1}{n} \sum\limits_{i=1}^{n} X_i \right)^2$ (B) $\dfrac{1}{n} \sum\limits_{i=1}^{n} X_i^2$

(C) $\dfrac{1}{n} \sum\limits_{i=1}^{n} (X_i^2 - X_i)$ (D) $\dfrac{1}{n} \sum\limits_{i=1}^{n} (X_i^2 + X_i)$

三、解答题：共 **60** 分.

1. (12 分) 二维离散型随机变量 (X, Y) 的联合分布表为

X \ Y	-1	0	1
1	a	$\dfrac{1}{3}$	$\dfrac{1}{6}$
2	b	$\dfrac{1}{9}$	c

已知 X, Y 相互独立.

(1) 求 a, b, c 的值;

(2) 求 X, Y 的边缘分布;

(3) 求 $P\{X + Y > 1\}$.

2. (12 分) 已知连续型随机变量 X 的密度函数

$$f(x) = \begin{cases} c(1 - x^2), & 0 < x < 1, \\ 0, & \text{其他}. \end{cases}$$

(1) 求常数 c;

(2) 求 $E(X), \text{Var}(X)$;

(3) 求 $Y = X^2$ 的密度函数.

3. (14 分) 已知二维连续型随机变量 (X, Y) 的联合密度函数

$$f(x, y) = \begin{cases} c(1 + y), & 0 < x < 1, 0 < y < 1, \\ 0, & \text{其他}. \end{cases}$$

(1) 验证 $c = \dfrac{2}{3}$;

(2) 求 $P\{X < Y\}$;

(3) 求 X, Y 的相关系数 ρ.

4. (12 分) 设总体 X 的密度函数 $f(x) = \begin{cases} \alpha x^{\alpha-1}, & 0 < x < 1, \\ 0, & \text{其他}, \end{cases}$ 其中 $\alpha > 0$,

$X_1, X_2, \cdots, X_n$ 是 X 的样本, 求 α 的矩估计和极大似然估计.

5. (10 分) 从一批鱼中选取 16 条, 测得其质量的样本均值为 991 g, 样本均方
   差为 20 g. 假设鱼的质量服从正态分布, 取显著水平 $\alpha = 0.05$, 能否认为这
   批鱼的平均质量是 1000 g?

浙江工业大学概率论与数理统计期末试卷 2

分位点数据:

$$\Phi(0.125) = 0.5500, \quad \Phi(0.25) = 0.5987, \quad \Phi(0.5) = 0.6915,$$

$$\Phi(1) = 0.8413, \quad \Phi(1.5) = 0.9332, \quad \Phi(1.645) = 0.9500,$$

$$\Phi(1.96) = 0.9750, \quad \Phi(2) = 0.9772 \quad t_{0.05}(24) = 1.711,$$

$$t_{0.05}(25) = 1.708, \quad t_{0.025}(24) = 2.064, \quad t_{0.025}(25) = 2.060$$

一、填空题: 每空 2 分, 共 28 分.

1. 设 A, B 是随机事件, $P(A) = P(B) = 0.4, P(A|B) = 0.2$, 则 $P(A|A \cup B) =$
   _____.

2. 独立重复地投掷一枚均匀的骰子 2 次. 令 X 表示这两次投出的点数之和, 令 Y 表示这两次投出的最大点数, Z 表示出现 6 点的次数. 则 $E(X) =$ _____, $P\{Y = 3\} =$ _____, $P\{Z = 1\} =$ _____.

3. 某人在等公交车. 他等待的时间为 X min. 假设 X 服从均值为 10 min 的指数分布. 如果他等了 10 min 还没等到公交车, 问他至少还需再等待 10 min 的概率是 _____.

4. 设 X 和 Y 相互独立, 且分别服从参数为 3 和 1 的泊松分布, 则 $P\{X \geqslant 2\} =$ _____, $P\{X = 1 | X + Y = 2\} =$ _____.

5. 设 X 和 Y 相互独立, $P\{X = 0\} = P\{X = 1\} = P\{X = 2\} = \dfrac{1}{3}$, Y 服从 $(0, 2)$ 上的均匀分布, 则 $P\{X + Y \leqslant 2\} =$ _____, $P\{\min(X, Y) \geqslant 1\} =$ _____.

6. 设 $X_1, X_2, \cdots, X_{100}$ 独立同分布, $P\{X_1 = -1\} = P\{X_1 = 1\} = 0.125$, $P\{X_1 = 0\} = 0.75$. 令 $Y = \dfrac{X_1 + X_2 + \cdots + X_{100}}{100}$, 则根据切比雪夫不等

式, $P\{|Y| \geqslant 0.1\} \leqslant$ _____. 根据中心极限定理, $P\{|Y| \geqslant 0.1\}$ 约为

_____.

7. 设 X_1, X_2, X_3, X_4 是来自总体 $X \sim N(\mu, \sigma^2)$ 的随机样本. 令 $Y = \dfrac{X_1 + X_2}{2}$, 则

X_1 和 Y 的相关系数为 $\rho(X_1, Y) =$ _____. 若 $\dfrac{a(X_3 - X_4)^2}{(X_1 - Y)^2 + (X_2 - Y)^2}$

服从 F 分布, 则常数 $a =$ _____. 若 $b[(X_1 - X_2)^2 + (X_3 - X_4)^2]$ 是

σ^2 的无偏估计, 则常数 $b =$ _____.

二、选择题: 每题 3 分, 共 12 分.

1. 设 (X, Y) 的联合分布律如下表:

X ╲ Y	0	1	2
-1	x	$\dfrac{1}{3}$	0
1	y	0	$\dfrac{1}{6}$

则以下说法正确的是　　　　　　　　　　　　　　　（　　）.

(A)　当 $x = \dfrac{1}{6}, y = \dfrac{1}{3}$ 时, X 和 Y 不相关, 不独立

(B)　当 $x = \dfrac{1}{3}, y = \dfrac{1}{6}$ 时, X 和 Y 不相关, 不独立

(C)　当 $x = \dfrac{1}{6}, y = \dfrac{1}{3}$ 时, X 和 Y 独立

(D)　当 $x = \dfrac{1}{3}, y = \dfrac{1}{6}$ 时, X 和 Y 独立

2. 设随机变量 X 的分布函数 $F(x) = \begin{cases} 0, & x < 0; \\ ax^2, & 0 \leqslant x < 1; \\ b, & x \geqslant 1. \end{cases}$ 设 $P\{X = 1\} =$

0.2. 则以下选项正确的是　　　　　　　　　　　　　（　　）.

(A)　$a = 3$, $b = 0$ 　　　　　　　　(B)　$a = 1$, $b = 1$

(C)　$a = 0.2$, $b = 1$ 　　　　　　　(D)　$a = 0.8$, $b = 1$

3. 设 $X_1, X_2, \cdots, X_n$ 是来自总体 $X \sim U(2,4)$ 的简单随机样本. 令 Y_n 表示 $X_1, X_2, \cdots, X_n$ 中大于 3.5 的个数. 当 $n \to \infty$ 时, $\frac{1}{n}\sum_{i=1}^{n} X_i^2$ 依概率收敛到 a, $\frac{Y_n}{n}$ 依概率收敛到 b. 则以下选项正确的是   ( ).

(A) $a = 9,\ b = \dfrac{1}{2}$ (B) $a = 9,\ b = \dfrac{1}{4}$

(C) $a = \dfrac{28}{3},\ b = \dfrac{1}{2}$ (D) $a = \dfrac{28}{3},\ b = \dfrac{1}{4}$

4. 设 X_1, X_2, X_3 是来自总体 $X \sim N(0, \sigma^2)$ 的简单随机样本, 样本方差为 S^2. 对于估计 σ^2, 下列统计量中最有效的无偏估计量是   ( ).

(A) $\dfrac{1}{2}(X_1^2 + X_2^2)$ (B) S^2

(C) $\dfrac{1}{3}(X_1^2 + X_2^2 + X_3^2)$ (D) $\dfrac{1}{4}(X_1^2 + 2X_2^2 + X_3^2)$

三、解答题: 共 60 分.

1. (8 分) 有一个象棋俱乐部, 其中 20% 为一类棋手, 50% 为二类棋手, 30% 为三类棋手. 小李赢一类棋手、二类棋手、三类棋手的概率分别为 0.4、0.5、0.6. 从这俱乐部中任选一人与小李比赛.

(1) 求小李获胜的概率;

(2) 若小李获胜, 则对手是三类棋手的概率是多少?

2. (12 分) 设随机变量 X 的概率密度函数 $f(x) = \begin{cases} c(x+1), & -1 \leqslant x \leqslant 1, \\ 0, & \text{其他}. \end{cases}$

(1) 求常数 c;

(2) 计算 X 的分布函数 $F(x)$;

(3) 令 $Y = X^2$, 计算 Y 的概率密度函数.

3. (10 分) 设二维随机变量 (X, Y) 的联合概率密度函数

$$f(x, y) = \begin{cases} 9\mathrm{e}^{-3y}, & 0 < x < y, \\ 0, & \text{其他}. \end{cases}$$

(1) 求 $P\{Y \leqslant 3X\}$;

(2) 求 X 的边缘密度函数 $f_X(x)$;

(3) 求 $E(Y)$.

4. (10 分) 已知某车间生产的瓶装饮料质量 X (单位：g) 服从正态分布 $N(\mu, 16)$. 现从中随机抽取 25 瓶饮料, 测得样本均值 $\bar{x} = 499$. 在显著水平 0.05 下, 检验假设 $H_0 : \mu \geqslant 500$, $H_1 : \mu < 500$.

5. (10 分) 设 (X, Y) 服从二维正态分布, $E(X) = E(Y) = 1$, $\mathrm{Var}(X) = 4$, $\mathrm{Var}(Y) = 16$, $\mathrm{Cov}(X, Y) = 2$.

(1) 计算 $P\{X > Y + 2\}$;

(2) 计算 $E[X(X + Y)]$;

(3) 当且仅当常数 a 为何值时, $Y - aX$ 与 Y 独立? 为什么?

6. (10 分) 设总体 X 的密度函数 $f(x) = \begin{cases} \dfrac{2x}{\theta^2}, & 0 \leqslant x \leqslant \theta, \\ 0, & \text{其他}, \end{cases}$ 其中未知参数 $\theta > 0$. 根据 X 的样本 $X_1, X_2, \cdots, X_n$, 求 θ 的矩估计和最大似然估计.

浙江工业大学概率论与数理统计期末试卷3

分位点数据

$$\Phi(1) = 0.8413, \quad \Phi(2) = 0.9773, \quad \Phi(1.65) = 0.95, \quad \Phi(1.96) = 0.975$$

一、填空题: 共 22 分, 每空 2 分.

1. 随机投掷一枚骰子, 随机事件 A 表示 "点数是偶数", 随机事件 B 表示 "点数不是 3 的倍数", 则 "点数为 6" 可用 A, B 表示为 _____.

2. 已知 3 枚不同的硬币经投掷后正面朝上的概率分别为 $0.4, 0.5, 0.7$, 独立地投掷这 3 枚硬币, 则 "正面朝上的硬币数是偶数" 的概率为 _____.

3. 已知随机事件 A, B 满足 $P(A) = 2P(B)$, 且 $P(A \cup B) = 3P(AB)$, 则 $P(B|A) = $ _____.

4. 设连续型随机变量 X 的分布函数为

$$F(x) = \begin{cases} A + Be^{-2x}, & x > 0, \\ 0, & x \leqslant 0, \end{cases}$$

则常数 $A = $ _____, $B = $ _____.

5. 已知随机变量 X 服从泊松分布 $P(\lambda)$, $E[X(X+1)] = 8$, 则 $\lambda = $ _____.

6. 设随机变量 X 服从均匀分布 $U(0,1)$, 则 $Y = (1-X)^2$ 的密度函数 $f_Y(y) = $ _____.

7. 设每箱货物的质量是随机的, 且期望均为 100 (单位: kg), 标准差均为 5 (单位: kg), 若每箱货物的质量是独立同分布的, 则根据中心极限定理, 100 箱货物的总质量不低于 9900 kg 的概率大约是 _____.

8. 已知总体 X 的一组样本观测值为 $9, 11, 14, 15, 12, 11$, 则样本均值 $\bar{x} = $ _____, 二阶样本中心矩 $b_2 = $ _____.

9. 设总体 $X \sim N(0, \sigma^2)$, X_1, X_2, X_3, X_4 是其样本. 若 $C\dfrac{(X_1 + X_2 + X_3)^2}{X_4^2}$ 服从 F 分布, 则常数 $C = $ _____.

二、选择题: 共 18 分, 每题 3 分.

1. 设离散型随机变量 X 的分布表为

X	1	2	3
p	$\frac{1}{3}$	$\frac{1}{3} - t$	$\frac{1}{3} + t$

, 其中 $-\dfrac{1}{3} < t < \dfrac{1}{3}$.

当 t 变大时, (   ).

(A) $E(X)$ 变大, $\text{Var}(X)$ 变大   (B) $E(X)$ 变大, $\text{Var}(X)$ 变小

(C) $E(X)$ 变小, $\text{Var}(X)$ 变大   (D) $E(X)$ 变小, $\text{Var}(X)$ 变小

2. 设随机变量 X, Y 相互独立, 且分别服从指数分布 $\text{Exp}(\lambda), \text{Exp}(\mu)$, 则 (   ).

(A) $X + Y \sim \text{Exp}(\lambda + \mu)$ (B) $XY \sim \text{Exp}(\lambda + \mu)$

(C) $\min\{X, Y\} \sim \text{Exp}(\lambda + \mu)$ (D) $\max\{X, Y\} \sim \text{Exp}(\lambda + \mu)$

3. 已知随机变量 X, Y 满足 $E(X) = 1, E(Y) = -1, E(XY) = 1, E(X^2) = E(Y^2) = 7$, 若 $X + tY$ 与 $X - Y$ 不相关, 则 $t = $ (   ).

(A) -1 (B) 1 (C) $\dfrac{1}{2}$ (D) 2

4. 设 $X_1, X_2, X_3, \cdots$ 相互独立, 均服从泊松分布 $P(2)$, 对任意 $\varepsilon > 0$,

$$\lim_{n \to \infty} P\left\{\left|\frac{1}{n}(X_1 X_2 + X_3 X_4 + \cdots + X_{2n-1} X_{2n}) - a\right| > \varepsilon\right\} = 0,$$

则 a 的值为 (   ).

(A) 2 (B) 4 (C) 6 (D) 8

5. 已知总体 $X \sim N(\mu, \sigma^2)$, 其中 μ, σ^2 未知. 设 $X_1, X_2, \cdots, X_n$ 是 X 的样本, 令

$$\overline{X} = \frac{1}{n}(X_1 + X_2 + \cdots + X_n),$$

则 σ^2 的一个无偏估计可以是 (   ).

(A) $\dfrac{1}{n} \sum\limits_{k=1}^{n} (X_i - \mu)^2$ (B) $\dfrac{1}{n-1} \sum\limits_{k=1}^{n} (X_i - \mu)^2$

(C) $\dfrac{1}{n} \sum\limits_{k=1}^{n} (X_i - \overline{X})^2$ (D) $\dfrac{1}{n-1} \sum\limits_{k=1}^{n} (X_i - \overline{X})^2$

6. 假设检验问题中, 已知取显著水平为 α 时, 拒绝原假设, 则根据相同的样本数据, 取显著水平为 α' 时,　　　　　　　　　　(　).

  (A) 若 $\alpha' < \alpha$, 接受原假设　　　(B) 若 $\alpha' < \alpha$, 拒绝原假设

  (C) 若 $\alpha' > \alpha$, 接受原假设　　　(D) 若 $\alpha' > \alpha$, 拒绝原假设

三、解答题: 共 60 分.

1. (8 分) 设离散型随机变量 X 的分布表为

X	1	2	3	4
p	0.2	a	b	0.3

, 且 $E(X) = 2.6$.

  (1) 求常数 a, b;

  (2) 若 $Y = (X-2)^2 + |X-3|$, 求 Y 的分布列.

2. (6 分) 已知一传输信道, 发送的信号为 0 时, 经过信道后接收到信号为 0 的概率是 0.8, 接收到信号为 1 的概率是 0.2; 发送的信号为 1 时, 经过该信道后接收到信号为 1 的概率是 0.6, 接收到信号为 0 的概率是 0.4, 根据经验, 发送的信号为 0,1 的概率均为 $\dfrac{1}{2}$. 若接收到的信号为 0, 则发送的信号为 0 的概率是多少?

3. (10 分) 设连续型随机变量 X 的密度函数为

$$f(x) = \begin{cases} Cx(3-x), & 0 \leqslant x \leqslant 2, \\ 0, & \text{其他}. \end{cases}$$

  (1) 求常数 C;

  (2) 求期望 $E(X)$、方差 $\mathrm{Var}(X)$ 和 $E|X-1|$.

4. (14 分) 设二维连续型随机变量 (X, Y) 的联合密度函数

$$f(x, y) = \begin{cases} Cx + \dfrac{1}{2}y, & 0 < x < 2, 0 < y < 1, \\ 0, & \text{其他.} \end{cases}$$

(1) 验证常数 $C = \dfrac{1}{4}$;

(2) 求 $P\{X < Y\}$;

(3) 求 X, Y 的协方差 $\mathrm{Cov}(X, Y)$.

5. (10 分) 已知总体 X 的密度函数

$$f(x) = \begin{cases} \lambda^2 x e^{-\lambda x}, & x \geqslant 0, \\ 0, & x < 0. \end{cases}$$

其中 $\lambda > 0$ 为未知参数. 设 $X_1, X_2, \cdots, X_n$ 是 X 的样本, 求 λ 的矩估计和极大似然估计.

6. (12 分) 用自动包装机装箱. 假设每箱产品的质量服从正态分布 $N(\mu, 4^2)$ (单位: kg). 现随机抽取 16 箱, 测得样本均值 $\overline{x} = 98.5 \ \mathrm{kg}$.

(1) 求均值 μ 的置信水平为 0.95 的双侧置信区间;

(2) 取显著水平 $\alpha = 0.05$, 问能否认为该包装机包装的一箱产品的质量的期望为 100 kg?

浙江工业大学概率论与数理统计期末试卷 4

分位点数据：

$t_{0.025}(9) = 2.2622, \quad t_{0.025}(8) = 2.3060, \quad t_{0.05}(9) = 1.8331, \quad t_{0.05}(8) = 1.8595$

一、选择题, 每题 3 分, 共 24 分.

1. 随机事件 A 和 B 恰有一个发生的概率为 （   ）.

    (A) $P(A) + P(B) - P(AB)$ (B) $P(A) + P(B)$

    (C) $P(A) + P(B) - 2P(AB)$ (D) $P(A) - P(B)$

2. 设 $P(A) = \dfrac{1}{2}, P(B) = \dfrac{1}{3}, P(A|B) = 2P(A|\bar{B})$, 则 $P(B|A) =$ （   ）.

    (A) $\dfrac{1}{3}$ (B) $\dfrac{2}{5}$ (C) $\dfrac{1}{2}$ (D) $\dfrac{2}{3}$

3. 设盒中有 3 种颜色的卡片各 2 张. 从中随机抽取卡片, 每次 1 张, 不放回, 直到每种颜色的卡片至少被抽出 1 张为止. 记 X 为抽出的卡片数, 则 （   ）.

    (A) $P\{X = 3\} = \dfrac{1}{3}, E(X) = \dfrac{19}{5}$ (B) $P\{X = 3\} = \dfrac{1}{3}, E(X) = 4$

    (C) $P\{X = 3\} = \dfrac{2}{5}, E(X) = \dfrac{19}{5}$ (D) $P\{X = 3\} = \dfrac{2}{5}, E(X) = 4$

4. 设 X 的密度函数 $f(x) = \dfrac{1}{\sqrt{2\pi}}\left(e^{-\frac{x^2}{2\sigma^2}} + e^{-\frac{(x-1)^2}{2\sigma^2}}\right), -\infty < x < \infty$, 则 （   ）.

    (A) $\sigma^2 = \dfrac{1}{4}, E(X) = \dfrac{1}{2}$ (B) $\sigma^2 = \dfrac{1}{4}, E(X) = 1$

    (C) $\sigma^2 = \dfrac{1}{2}, E(X) = \dfrac{1}{2}$ (D) $\sigma^2 = \dfrac{1}{2}, E(X) = 1$

5. 已知 A, B 为非负常数. 设总体 $X \sim N(0, \sigma^2)$, $X_1, X_2, \cdots, X_5$ 是 X 的样本. 若

$$\frac{B(X_4 - X_5)}{\sqrt{AX_1^2 + (X_2 + X_3)^2}} \sim t(2),$$

则 　　　　　　　　　　　　　　　　　　　　　　　　　（ 　　 ）.

(A) $A = 2, B = 1$ 　　　　　　　　　(B) $A = 2, B = \sqrt{2}$

(C) $A = 1, B = \dfrac{\sqrt{2}}{2}$ 　　　　　　(D) $A = 1, B = \dfrac{1}{2}$

6. 设 X_1, X_2, X_3 相互独立, 且 $X_1 \sim N(\mu, 1), X_2 \sim N(\mu, 2), X_3 \sim N(\mu, 3)$, 则下列选项中 μ 的最有效的无偏估计是 　　　　　　　　（ 　　 ）.

(A) $\dfrac{1}{6}X_1 + \dfrac{1}{6}X_2 + \dfrac{1}{6}X_3$ 　　　　　(B) $\dfrac{1}{3}X_1 + \dfrac{1}{6}X_2 + \dfrac{1}{9}X_3$

(C) $\dfrac{1}{3}X_1 + \dfrac{1}{3}X_2 + \dfrac{1}{3}X_3$ 　　　　　(D) $\dfrac{1}{2}X_1 + \dfrac{1}{3}X_2 + \dfrac{1}{6}X_3$

7. 设总体 $X \sim N(\mu, \sigma^2)$, $X_1, X_2, \cdots, X_n$ 是其样本, $\overline{X}$ 为样本均值, S^2 为样本方差, 则 σ^2 的置信水平为 $1 - \alpha$ 的单侧置信下限为 　　　（ 　　 ）.

(A) $\dfrac{(n-1)S^2}{\chi^2_{1-\alpha}(n-1)}$ 　　　　　　(B) $\dfrac{(n-1)S^2}{\chi^2_{\alpha}(n-1)}$

(C) $\dfrac{S^2}{\chi^2_{1-\alpha}(n-1)}$ 　　　　　　(D) $\dfrac{S^2}{\chi^2_{\alpha}(n-1)}$

8. 设总体 $X \sim U(-\theta, \theta)$, 根据 X 的样本 x_1 做显著性假设检验: $H_0: \theta = 1$, $H_1: \theta = 2$. 若取拒绝域 $W = \{|x_1| > c\}$, 显著水平为 0.1, 则常数 $c =$ （ 　　 ）.

(A) 0.1 　　　　(B) 0.2 　　　　(C) 0.9 　　　　(D) 1.8

二、填空题: 每空 2 分, 共 16 分.

1. 设某地区一年内发生火灾事故的次数服从泊松分布 $P(2)$, 则该地区一年内发生的火灾事故次数不超过 2 次的概率是 ＿＿＿＿＿＿.

2. 设连续型变量 X 的分布函数 $F(x) = \begin{cases} 1, & x > \dfrac{\pi}{2}, \\ A + B\cos x, & 0 \leqslant x \leqslant \dfrac{\pi}{2}, \\ 0, & x < 0, \end{cases}$ 则 $A = $ ＿＿＿＿＿＿, $B = $ ＿＿＿＿＿＿.

3. 设 $X \sim U(0,1), Y = aX + b$, 且 $E(Y) = a, D(Y) = b$, 则 $a = $ ＿＿＿＿＿＿, $b = $ ＿＿＿＿＿＿.

4. 设 $E(X) = 1, E(Y) = 2, D(X) = 3, D(Y) = 1$, 且 X 与 Y 独立. 若 $Z = 2X + Y - 1$, 则 $E(Z) =$ _____, $D(Z) =$ _____.

5. 设 $E(X) = 3, E(X^2) = 12$, 则根据切比雪夫不等式, $P\{0 < X < 6\} \geqslant$ _____.

三、解答题：共 60 分.

1. (8 分) 设一游戏分为两关, 甲通过这两个关卡的概率分别为 0.6, 0.5, 乙通过这两个关卡的概率分别为 0.5, 0.4. 从甲、乙两人中随机选取一人首先上场, 通过一关卡后可继续下一关游戏, 直到某关卡通关失败或完全通关为止; 若其在某关卡失败, 则另一人上场从当前关卡继续游戏.

   (1) 求两个关卡全部通关的概率;

   (2) 若两个关卡全部通关, 求甲先上场的概率.

2. (8 分) 设随机变量 X 的密度函数

$$f(x) = \begin{cases} ax^2 + b, & -1 < x < 2, \\ 0, & \text{其他.} \end{cases}$$

   且 $E(X) = 1$.

   (1) 求常数 a, b;

   (2) 计算 $E(X^3)$.

3. (8 分) 设 X, Y 的联合分布表为

Y \\ X	1	2	3
-1	$\frac{1}{3}$	$\frac{1}{6}$	$\frac{1}{4}$
1	a	b	c

(1) 若 X, Y 独立, 求 a, b, c;

(2) 若 X, Y 不相关, 且 $P\{X + Y \geqslant 3\} = \dfrac{1}{6}$, 求 a, b, c.

4. (16 分) 设随机变量 (X, Y) 的密度函数是

$$f(x, y) = \begin{cases} c(x + y)\mathrm{e}^{-y}, & 0 < x < y, \\ 0, & \text{其他}. \end{cases}$$

(1) 验证 $c = \dfrac{1}{3}$;

(2) 计算 $P\{Y > 2X\}$;

(3) 求 $Z = X + Y$ 的密度函数 $f_Z(z)$;

(4) 求条件密度 $f_{X|Y}(x|y)$, 并求 $P\left\{X > \dfrac{1}{2} \middle| Y = 1\right\}$.

5. (10 分) 设总体 X 的分布列为

X	1	2	3
P	θ	$\theta - \theta^2$	$(1 - \theta)^2$

其中未知参数 $\theta \in (0, 1)$. 根据 X 的样本 $1, 1, 3, 2, 3$,

求：(1) θ 的矩估计值;

(2) θ 的最大似然估计值.

6. (10 分) 设某种饮料的维 C 含量 (单位：mg/L) 服从正态分布. 现抽取该种饮料 9 瓶, 测量维 C 含量 (单位：mg/L) 的样本均值 $\bar{x} = 21.5$, 样本标准差 $s = 2$. 取显著性水平 $\alpha = 0.05$, 能否认为该种饮料的维 C 含量的平均值为 20 mg/L?

5

浙江工业大学概率论与数理统计期末试卷 5

分位点数据:

$$\chi^2_{0.025}(5) = 12.832, \quad \chi^2_{0.025}(4) = 11.143, \quad \chi^2_{0.05}(5) = 11.070, \quad \chi^2_{0.05}(4) = 9.488$$

$$\chi^2_{0.975}(5) = 0.831, \quad \chi^2_{0.975}(4) = 0.484, \quad \chi^2_{0.95}(5) = 1.145, \quad \chi^2_{0.95}(4) = 0.711$$

一、填空题:每空 **2** 分, 共 **28** 分.

1. 设 $P(A) = 0.5, P(B) = 0.7, P(A \cup B) = 3P(AB)$, 则 $P(B|A) = $ _____.

2. 设某商店进行促销活动, 采用甲、乙、丙 3 种方案的概率分别为 0.5, 0.3, 0.2, 采用这 3 种方案其销售额大于 1000 万元的概率分别为 0.3, 0.5, 0.4, 则该商店在该促销活动中销售额大于 1000 万元的概率是 _____; 若该商店在促销活动中销售额大于 1000 万元, 则其采用了甲方案的概率是 _____.

3. 设 $X \sim P(\lambda)$, 且 $P\{X \leqslant 1 | X \leqslant 2\} = \dfrac{1}{\lambda}$, 则 $\lambda = $ _____, $E[(X-2)^2] = $ _____.

4. 设 $X \sim U(a, b)$, 若 $P\{X > a+1 | X < b-1\} = \dfrac{1}{2}$, 则 $D(X) = $ _____.

5. 设随机变量 X 满足 $E(X^2) = E[(X-2)^2]$, 则 $E(X) = $ _____.

6. 设 $(X, Y) \sim N\left(1, 2, 2^2, 3^2, \dfrac{1}{3}\right)$, 令 $Z = 2X - Y + 1$, 则 $E(Z) = $ _____, $\mathrm{Cov}(X, Z) = $ _____.

7. 总体 X 的样本观测值为 19, 21, 22, 17, 21, 则样本均值 $\overline{x} = $ _____, 样本方差 $s^2 = $ _____.

8. 设 X_1, X_2, X_3, X_4 是总体 $N(0, 2^2)$ 的样本, 若 $C \dfrac{2X_1 - X_2}{\sqrt{X_3^2 + X_4^2}} (C > 0)$ 服从 t 分布, 其自由度为 _____, $C = $ _____.

9. 设总体 $X \sim U(0,\theta)$, X_1, X_2, X_3 是 X 的样本. 令 $\overline{X} = \frac{1}{3}(X_1 + X_2 + X_3)$, 若 $C[(X_1 - \overline{X})^2 + (X_2 - \overline{X})^2 + (X_3 - \overline{X})^2]$ 是 θ^2 的无偏估计, 则 $C = $ _____.

二、选择题: 每题 3 分, 共 12 分.

1. 设 $0 < P(A) < 1, 0 < P(B) < 1$. 若 $P(B|A) + P(\overline{B}|\overline{A}) \geqslant 1$, 则　　　(　　).

(A) $P(B|A) \geqslant P(B)$ 　　　　　　(B) $P(B|A) \leqslant P(B)$

(C) $P(B|A) \geqslant P(A)$ 　　　　　　(D) $P(B|A) \leqslant P(A)$

2. 设 $X_1, X_2, X_3, \cdots$ 是独立同分布的随机变量序列, X_1 的密度函数为

$$f(x) = \begin{cases} 2x, & 0 < x < 1, \\ 0, & \text{其他}, \end{cases} \quad \text{且对任意 } \varepsilon > 0,$$

$$\lim_{n \to \infty} P\left\{ \left| \frac{1}{n}\left(\frac{X_2}{X_1} + \frac{X_4}{X_3} + \cdots + \frac{X_{2n}}{X_{2n-1}} \right) - A \right| > \varepsilon \right\} = 0,$$

则 $A = $ 　　　　　　　　　　　　　　　　　　　(　　).

(A) $\dfrac{2}{3}$ 　　　(B) 1 　　　(C) $\dfrac{4}{3}$ 　　　(D) $\dfrac{3}{2}$

3. 设总体 $X \sim N(\mu, \sigma^2)$, μ, σ^2 均未知. 设 $X_1, X_2, \cdots, X_n$ 是 X 的样本, S^2 是样本方差, 则 σ^2 的置信水平为 $1 - \alpha$ 的单侧置信上限是　　　(　　).

(A) $\dfrac{(n-1)S^2}{\chi^2_\alpha(n-1)}$ 　　　　　　(B) $\dfrac{(n-1)S^2}{\chi^2_{1-\alpha}(n-1)}$

(C) $\dfrac{(n-1)S^2}{\chi^2_\alpha(n)}$ 　　　　　　(D) $\dfrac{(n-1)S^2}{\chi^2_{1-\alpha}(n)}$

4. 在假设检验问题 H_0, H_1 中, 若取显著水平为 0.05 时, 接受原假设, 则根据相同的样本数据, 以下结论正确的是　　　(　　).

(A) 取显著水平为 0.025 时, 接受原假设

(B) 取显著水平为 0.025 时, 拒绝原假设

(C) 取显著水平为 0.1 时, 接受原假设

(D) 取显著水平为 0.1 时, 拒绝原假设

三、解答题：共 60 分.

1. (10 分) 设盒中有 2 红、2 蓝、1 黄共 5 个球. 从中随机取球, 每次取 1 个, 不放回, 直到每种颜色的球至少取到一个为止. 记取球的次数为 X, 求 X 的分布列以及其期望、方差.

2. (8 分) 设连续型随机变量 X 的分布函数
$$F(x) = A\arctan x + B\arctan(x+1) + C, \text{ 且 } P\{X > 0\} = \frac{1}{3}.$$
   求：(1) 常数 A, B, C;

   (2) X 的密度函数.

3. (12 分) 设离散型随机变量 (X, Y) 的联合分布表为

Y \ X	-1	0	1
-1	a	0.1	0.1
0	0.2	0	b
1	0	0.1	0.1

   且 X, Y 不相关.

   求：(1) 常数 a, b;

   (2) $X + Y$ 的分布列;

   (3) X 与 $X + Y$ 的相关系数.

4. (12 分) 设连续型随机变量 (X, Y) 的密度函数

$$f(x, y) = \begin{cases} Cx, & 0 < x < y < 2x < 2, \\ 0, & \text{其他}. \end{cases}$$

求：(1) 常数 C;

(2) $P\{X + 2Y > 3\}$;

(3) 边缘分布的密度函数 $f_X(x)$ 和条件分布的密度函数 $f_{Y|X}(y|x)$.

5. (10 分) 设总体 X 的密度函数 $f(x) = \begin{cases} \dfrac{1}{\theta} x \mathrm{e}^{-\frac{x^2}{2\theta}}, & x \geqslant 0, \\ 0, & x < 0, \end{cases}$ 其中未知参数 $\theta > 0$. 根据 X 的样本 $X_1, X_2, \cdots, X_n$, 求 θ 的矩估计和极大似然估计.

6. (8 分) 设某种导线的电阻值服从正态分布, 要求其标准差不超过 0.05Ω. 从一批这种导线中随机选取 5 根, 测得其样本标准差为 0.07Ω, 取显著水平 $\alpha = 0.05$, 能否认为这批导线的标准差显著水平过高?

浙江工业大学概率论与数理统计期末试卷6

分位点数据:

$\chi^2_{0.025}(5) = 12.832$, $\quad \chi^2_{0.025}(4) = 11.143$, $\quad \chi^2_{0.05}(5) = 11.070$, $\quad \chi^2_{0.05}(4) = 9.488$

$\chi^2_{0.975}(5) = 0.831$, $\quad \chi^2_{0.975}(4) = 0.484$, $\quad \chi^2_{0.95}(5) = 1.145$, $\quad \chi^2_{0.95}(4) = 0.711$

一、选择题:每题 3 分, 共 24 分.

1. 已知 A, B, C 为 3 个随机事件, 则随机事件 $A - (B \cup C)$ 表示 (   ).

   (A) A 发生, B, C 不都发生   (B) A 发生, B, C 都不发生

   (C) A 不发生, B, C 都发生   (D) A 不发生, B, C 不都发生

2. 设随机变量 $X \sim U(-a, a)(a > 0)$, 且随机变量 $Y = X^2$, 则 X 与 Y (   ).

   (A) 相关且独立   (B) 相关不独立

   (C) 独立不相关   (D) 不独立不相关

3. 下列函数中, 可作为某一随机变量的分布函数的是

   (A) $F(x) = \dfrac{1}{1 + x^2}$

   (B) $F(x) = \begin{cases} \dfrac{1}{2} \left(1 - e^{-x}\right), & x > 0, \\ 0, & x \leqslant 0 \end{cases}$

   (C) $F(x) = \begin{cases} \dfrac{x + 1}{x + 2} & x > 0, \\ -\dfrac{1}{x - 1}, & x \leqslant 0 \end{cases}$

   (D) $F(x) = \dfrac{1}{\pi} \arctan x + \dfrac{1}{2}$

4. 设随机变量 X 和 Y 相互独立且 $X \sim B\left(1, \dfrac{1}{2}\right)$, $Y \sim U(0, 1)$, 则 $P\left\{X + Y \leqslant \dfrac{1}{3}\right\} =$ (   ).

(A) $\dfrac{1}{6}$　　　　(B) $\dfrac{1}{3}$　　　　(C) $\dfrac{1}{4}$　　　　(D) $\dfrac{1}{2}$

5. 设非负随机变量 X 满足 $E(X^2) = 1.1, D(X) = 0.1$, 则根据切比雪夫不等式, 有 $P\{0 < X < 2\} \geqslant$ 　　　　　（　　　）.

(A) 0.1　　　　(B) 0.5　　　　(C) 0.9　　　　(D) 1

6. 设随机变量 (X, Y) 服从二维正态分布 $N\left(0, 0; 1, 4; -\dfrac{1}{2}\right)$, 则下列随机变量中服从标准正态分布且与 X 独立的是　　　　　（　　　）.

(A) $\dfrac{\sqrt{5}}{5}(X + Y)$　　　　　　　　(B) $\dfrac{\sqrt{7}}{7}(X - Y)$

(C) $\dfrac{\sqrt{3}}{3}(X + Y)$　　　　　　　　(D) $\dfrac{\sqrt{5}}{5}(X - Y)$

7. 设总体 X 的数学期望 $E(X) = 0$, 方差 $D(X) = \sigma^2$, 而 $X_1, X_2, \cdots, X_n(n > 2)$ 是来自总体 X 的简单随机样本, $\bar{X} = \dfrac{1}{n}\sum\limits_{i=1}^{n} X_i, S^2 = \dfrac{1}{n-1}\sum\limits_{i=1}^{n}\left(X_i - \bar{X}\right)^2$, 则下列属于 σ^2 的无偏估计量的是　　　　　（　　　）.

(A) $n\bar{X}^2 + S^2$　　　　　　　　(B) $\dfrac{1}{2}\left(n\bar{X}^2 + S^2\right)$

(C) $\dfrac{1}{3}\left(n\bar{X}^2 + S^2\right)$　　　　　　(D) $\dfrac{1}{4}\left(n\bar{X}^2 + S^2\right)$

8. 设总体 $X \sim N(\mu, \sigma^2)$, 其中 σ^2 未知, $S^2 = \dfrac{1}{n-1}\sum\limits_{i=1}^{n}\left(X_i - \bar{X}\right)^2$, 样本容量 n, 则参数 μ 的置信度为 $1 - \alpha$ 的双侧置信区间为　　　　　（　　　）.

(A) $\left(\bar{X} - \dfrac{S}{\sqrt{n}}t_{\frac{\alpha}{2}}(n), \bar{X} + \dfrac{S}{\sqrt{n}}t_{\frac{\alpha}{2}}(n)\right)$

(B) $\left(\bar{X} - \dfrac{S}{\sqrt{n}}t_{\frac{\alpha}{2}}(n-1), \bar{X} + \dfrac{S}{\sqrt{n}}t_{\frac{\alpha}{2}}(n-1)\right)$

(C) $\left(\bar{X} - \dfrac{\sigma}{\sqrt{n}}t_{\frac{\alpha}{2}}(n), \bar{X} + \dfrac{\sigma}{\sqrt{n}}t_{\frac{\alpha}{2}}(n)\right)$

(D) $\left(\bar{X} - \dfrac{\sigma}{\sqrt{n}}t_{\frac{\alpha}{2}}(n-1), \bar{X} + \dfrac{\sigma}{\sqrt{n}}t_{\frac{\alpha}{2}}(n-1)\right)$

二、填空题：每空 2 分, 共 16 分.

1. 某人向同一目标独立重复射击, 每次射击命中目标的概率为 $\dfrac{1}{3}$, 则此人第 4 次射击时恰好第 2 次命中目标的概率为 _____.

2. 已知事件 A, B 恰有一个发生的概率为 0.3, 且 $P(A) + P(B) = 0.5$, 则 A, B 至少有一个不发生的概率为 _____.

3. 已知随机变量 X 服从指数分布 $\mathrm{Exp}(\lambda)$, 若 $P\{X \geqslant 1\} = \dfrac{1}{2}$, 则 $P\{X \geqslant 3 \mid X \geqslant 1\} =$ _____.

4. 设随机变量 X 的概率密度函数 $f(x) = \begin{cases} \dfrac{1}{2}\cos\dfrac{x}{2}, & 0 < x < \pi, \\ 0, & \text{其他}, \end{cases}$ 对 X 重复观察 4 次, 用 Y 表示 4 次观察中出现 $\left\{X > \dfrac{\pi}{3}\right\}$ 的次数, 则 $E(Y) =$ _____.

5. 设随机变量序列 $X_1, X_2, \cdots, X_n$ 独立同分布于泊松分布 $P(2)$, 当 $n \to \infty$ 时, $\dfrac{1}{n}\sum\limits_{i=1}^{n} X_i^2$ 依概率收敛于 _____.

6. 设总体 $X \sim N(0, 4)$, 且 X_1, X_2, X_3, X_4, X_5 为来自总体的简单随机样本, 且满足

$$a(X_1 - X_2)^2 + b(X_3 + X_4 + X_5)^2 \sim \chi^2(2),$$

则常数 $a =$ _____, $b =$ _____.

7. 计算机在进行加法时, 每个加数按四舍五入取最接近它的整数, 设各个加数的取整误差是相互独立的, 它们都服从区间 $(-0.5, 0.5)$ 上的均匀分布, 现有 300 个加数相加, 则由中心极限定理, 误差总和绝对值超过 15 的概率约为 _____.

三、解答题：共 60 分.

1. (8 分) 第一袋中有 2 个白球和 4 个黑球, 第二袋中有 6 个白球和 2 个黑球, 现从这两袋中各任取一球, 再从取出的两球中任取一球.

(1) 求这球是白球的概率是多少?

(2) 如果发现这球是白球, 问原来从两个袋子中取出的是相同颜色球的概率是多少?

2. (12 分) 设连续型随机变量 X 的概率密度函数

$$f(x) = \begin{cases} ax, & 1 \leqslant x < 2, \\ b, & 2 \leqslant x < 3, \\ 0, & \text{其他}, \end{cases}$$

且满足 $P\{1 \leqslant X < 2\} = 2P\{2 \leqslant X < 3\}$.

求：(1) 常数 a 与 b 的值;

(2) X 的分布函数;

(3) 随机变量 $Y = 9X^2 + 1$ 的数学期望.

3. (10 分) 设随机变量 (X, Y) 服从分布律

X \ Y	0	1
0	0.4	a
1	b	0.1

已知事件 $\{X + Y = 1\}$ 与 $\{X = 0\}$ 相互独立.

求：(1) 常数 a, b 的值;

(2) $\mathrm{Cov}(X + Y, X - Y)$.

4. (12 分) 设二维连续型随机变量 (X,Y) 的联合概率密度函数

$$f(x,y) = \begin{cases} xy, & 0 \leqslant x \leqslant 1, 0 \leqslant y \leqslant 2, \\ 0, & \text{其他}. \end{cases}$$

求：(1) $P\{X+Y>1\}$；

(2) 边缘概率密度 $f_X(x)$ 和条件概率密度 $f_{X|Y}(x \mid y)$，判断 X 与 Y 是否相互独立，并说明理由；

(3) $Z = X + Y$ 的概率密度函数 $f_Z(z)$.

5. (10 分) 已知总体 X 的分布函数为

$$F(x;\theta) = \begin{cases} 1 - \dfrac{1}{x^{\theta}}, & x \geqslant 1, \\ 0, & x < 1, \end{cases}$$

其中参数 $\theta > 1$，且 $X_1, X_2, \cdots, X_n$ 为来自总体 X 的简单随机样本.

求：(1) 未知参数 θ 的矩估计量；

(2) 未知参数 θ 的极大似然估计量.

6. (8 分) 某洗衣粉厂用自动包装机进行包装，正常情况下包装的质量 (单位：g) $X \sim N(\mu, \sigma^2)$. 现随机抽取 25 袋洗衣粉，测得平均质量 $\overline{x} = 501.5$ g，样本标准差 $s = 2.5$ g. 取显著性水平 $\alpha = 0.1$，问可否认为 σ^2 显著大于 6 g？

7

分位点数据

$$\Phi(1) = 0.8413, \qquad \Phi(2) = 0.9773, \qquad t_{0.025}(8) = 2.306,$$

$$t_{0.05}(8) = 1.860, \qquad \chi^2_{0.025}(15) = 27.488, \qquad \chi^2_{0.975}(15) = 6.262,$$

$$\chi^2_{0.05}(15) = 24.996, \qquad \chi^2_{0.95}(15) = 7.261$$

一、填空题: 共 22 分, 每空 2 分.

1. 已知随机事件 A, B 满足 $P(B) = \dfrac{1}{3}$, 且 $P(A|\bar{B}) = 2P(A|B)$, 则 $P(B|A) =$ _____.

2. 随机变量 X 的期望 $E(X) = -1$, 且 $E[(X+1)^2] = 2$, 则 $E(X^2) =$ _____.

3. 已知随机变量 X 服从泊松分布 $P(\lambda)$, $3P\{X \leqslant 2\} = 5P\{X \leqslant 1\}$, 则 $\lambda =$ _____.

4. 设随机变量 X 服从均匀分布 $U(a, a+4)$. 若 $E(X) = 1$, 则 $a =$ _____, $E(|X|) =$ _____.

5. 已知二维随机变量 (X, Y) 服从二维正态分布 $N(0, 1; 1^2, 2^2; -0.5)$. 设 $Z = 2X + Y + 1$, 则 $E(Z) =$ _____, $\mathrm{Var}(Z) =$ _____.

6. 某机器有 400 个元件, 假设不同元件是否损坏是相互独立的, 且每个元件在一天内损坏的概率均为 0.1, 根据中心极限定理, 该机器一天内损坏的元件数目在 $34 \sim 46$ 个之间的概率约为 _____.

7. 设总体 X 服从正态分布 $N(\mu, \sigma^2)$, 其中 μ, σ^2 均未知. 现有 X 的一组样本观测值

$$24, 28, 31, 35, 27, 34, 27, 31, 24,$$

其样本均值 $\bar{x} =$ _____, 样本方差 $s^2 =$ _____. 根据该组观测值, 均值 μ 的置信水平为 0.95 的双侧置信上限是 _____.

二、选择题: 共 18 分, 每题 3 分.

1. 已知随机事件 A, B, C 满足 $A \subset B \cup C$, 则   (   ).

   (A) $AB \subset C$ (B) $A\bar{B} \subset C$ (C) $\bar{A}B \subset C$ (D) $\overline{AB} \subset C$

2. 设随机变量 X 的分布函数为 $F, Y = 2X - 1$ 的分布函数为 F_Y, 则 $F_Y(y) =$ (   ).

   (A) $F\left(\dfrac{1}{2}y - 1\right)$ (B) $F\left(\dfrac{1}{2}y + 1\right)$ (C) $F\left(\dfrac{1}{2}y - \dfrac{1}{2}\right)$ (D) $F\left(\dfrac{1}{2}y + \dfrac{1}{2}\right)$

3. 已知甲盒中有 2 红 2 蓝共 4 个球, 乙盒中有 3 红 3 蓝共 6 个球. 从甲盒中随机取两个球, 取到红球的个数记为 X; 从乙盒中随机取两个球, 取到红球的个数为 Y; 从甲、乙两盒中各取一个球, 取到红球的个数为 Z. 分别记 X, Y, Z 的方差为 α, β, γ, 则   (   ).

   (A) $\alpha > \beta > \gamma$ (B) $\beta > \alpha > \gamma$ (C) $\gamma > \alpha > \beta$ (D) $\gamma > \beta > \alpha$

4. 设随机变量 X 服从指数分布 $\mathrm{Exp}\left(\dfrac{1}{2}\right)$, 则由切比雪夫不等式, 对任意 $\varepsilon > 0$, (   ).

   (A) $P\{|X - 2| \geqslant \varepsilon\} \geqslant \dfrac{4}{\varepsilon^2}$ (B) $P\{|X - \dfrac{1}{2}| \geqslant \varepsilon\} \geqslant \dfrac{4}{\varepsilon^2}$

   (C) $P\{|X - 2| \geqslant \varepsilon\} \leqslant \dfrac{4}{\varepsilon^2}$ (D) $P\{|X - \dfrac{1}{2}| \geqslant \varepsilon\} \leqslant \dfrac{4}{\varepsilon^2}$

5. 已知 $\theta > 0$, 随机变量 X, Y 相互独立, 且 $X \sim U(0, \theta)$, $Y \sim U(\theta, 2\theta)$. 设 $U = aX + bY$, 则当 U 是 θ 的无偏估计且最有效时,   (   ).

   (A) $a = \dfrac{1}{5}$, $b = \dfrac{3}{5}$ (B) $a = \dfrac{2}{5}$, $b = \dfrac{3}{5}$

   (C) $a = \dfrac{2}{7}$, $b = \dfrac{4}{7}$ (D) $a = \dfrac{1}{2}$, $b = \dfrac{1}{2}$

6. 设总体 $X \sim N(\mu, 1)$. X_1, X_2, X_3 是 X 的一组样本, 记 $\bar{X} = \dfrac{1}{3}(X_1 + X_2 + X_3)$. 若

$$C[(X_1 - \bar{X})^2 + (X_2 - \bar{X})^2 + (X_3 - \bar{X})^2]$$

服从 χ^2 分布, 则   (   ).

(A) 自由度为 3, $C = 1$ (B) 自由度为 3, $C = 2$

(C) 自由度为 2, $C = 1$ (D) 自由度为 2, $C = 2$

三、解答题: 共 **60** 分.

1. (14 分) 设盒中有 3 个红球和 2 个蓝球, 从中随机取出 2 个球, 记取出的红球数为 X; 将取到的蓝球放回, 红球不放回, 然后再从中随机选出 2 个球, 记第二次取到的红球数为 Y.

    求: (1) X 的分布律;

         (2) (X, Y) 的联合分布律与 $P\{X < Y\}$;

         (3) Y 的分布律.

2. (12 分) 设连续型随机变量 X 的密度函数

$$f(x) = \begin{cases} x + c, & 0 < x < 1, \\ 0, & \text{其他}. \end{cases}$$

    求: (1) 常数 c;

         (2) X 的分布函数 $F_X(x)$;

         (3) $Y = -\ln X$ 的密度函数 $f_Y(y)$.

3. (14 分) 设二维连续型随机变量 (X, Y) 的联合密度函数

$$f(x, y) = \begin{cases} Ce^{-2x}, & 0 < y < x < \infty, \\ 0, & \text{其他}. \end{cases}$$

(1) 验证常数 $C = 4$;

(2) 计算边缘分布的密度函数 $f_X(x), f_Y(y)$, 并判断 X, Y 的独立性;

(3) 计算 $P\{X + Y < 2\}$.

4. (10 分) 设离散型总体 X 的分布律为

$$P\{X = k\} = (1-p)^{k-1}p, \quad k = 1, 2, 3, \cdots.$$

其中 $0 < p < 1$ 是未知参数. 给定 X 的样本 $X_1, X_2, \cdots, X_n$, 求 p 的矩估计和极大似然估计.

5. (10 分) 假设某设备的电压值服从正态分布 $N(\mu, \sigma^2)$ (单位: V). 现对该设备的电压值进行 16 次测量, 测得样本标准差 $s = 3.6$ V. 取显著水平 $\alpha = 0.05$, 能否认为该设备电压值的标准差明显低于 5 V?

浙江工业大学概率论与数理统计期末试卷 8

分位点数据:

$$t_{0.025}(9) = 2.2622, \quad t_{0.025}(8) = 2.3060, \quad t_{0.05}(9) = 1.8331, \quad t_{0.05}(8) = 1.8595$$

一、填空题: 共 28 分, 每空 2 分.

1. 设 A, B, C 相互独立, 且 $P(A) = P(B) = P(C) = 0.5$, 则 $P(A \cup B) =$ _____, $P(A \cup B | A \cup C) =$ _____.

2. 现有 3 种卡片, 分别有 2, 3, 4 张, 从这 9 张卡片中随机选取 3 张, 恰好取到 3 种卡片的概率是 _____.

3. 投掷一枚质地不均匀的硬币 3 次, 至少有 1 次正面朝上的概率为 $\dfrac{37}{64}$, 则恰有 2 次正面朝上的概率是 _____.

4. 已知 X 服从指数分布. 若 $P\{X > a\} = \dfrac{2}{3}$, 则 $P\{X > 2a\} =$ _____, $P\{X > 2a | X > a\} =$ _____.

5. 设 X 的密度函数 $f(x) = Ce^{-2x^2 - x}$ (C 为常数), 则 $E(X) =$ _____.

6. 设随机变量 X 满足 $E(X) = 1$, $E[(X + 1)^2] = \dfrac{13}{3}$, $E[(X - 1)^3] = 0$, 则 $D(X) =$ _____, $E(X^3) =$ _____.

7. 设 $D(X) = 2, D(Y) = 8$, 相关系数 $\rho(X, Y) = -\dfrac{1}{2}$, 则 $\mathrm{Cov}(X, Y) =$ _____, $D\left(X - \dfrac{1}{4}Y\right) =$ _____.

8. 设某台机器生产的每件产品是一、二、三等品的概率分别为 0.2, 0.5, 0.3, 一、二、三等品每件产品的利润 (单位: 元) 分别为 10, 7, 5. 现生产 300 件产品, 根据中心极限定理, 可得总利润不少于 2070 元的概率约为 _____ (用标准正态分布函数 $\Phi(\cdot)$ 表示).

9. 设 X_1, X_2, X_3, X_4, X_5 是来自正态总体 $N(\mu, \sigma^2)$ 的样本. 令 $\overline{X} = \frac{1}{3}(X_1 + X_2 + X_3)$, 若

$$C\frac{(X_1 - \overline{X})^2 + (X_2 - \overline{X})^2 + (X_3 - \overline{X})^2}{(X_4 - X_5)^2}$$

服从 F 分布, 其自由度为 _____, $C =$ _____.

二、选择题: 每题 3 分, 共 12 分.

1. 设 A, B, C 为随机事件, $0 < P(A) < 1$. 　　　　　　　　　　　(　　).

　(A) 若 $A \subseteq B \cup C$, 则 $P(B|A) + P(C|A) = 1$

　(B) 若 $P(B|A) + P(C|A) = 1$, 则 $A \subseteq B \cup C$

　(C) 若 $ABC = \varnothing$, 则 $P(B \cup C|A) = P(B|A) + P(C|A)$

　(D) 若 $P(B \cup C|A) = P(B|A) + P(C|A)$, 则 $ABC = \varnothing$

2. 设 $X \sim B(n, p)$, $Y \sim B(m, p)$, F_X, F_Y 分别是 X, Y 的分布函数. 若 $n > m$, 则 　　　　　　　　　　　(　　).

　(A) $X \geqslant Y$ 　　　　　　　　　(B) $X \leqslant Y$

　(C) 对任意 z, $F_X(z) \geqslant F_Y(z)$ 　　(D) 对任意 z, $F_X(z) \leqslant F_Y(z)$

3. 设 (X, Y) 的密度函数 $f(x, y) = \begin{cases} xy + Ax + \frac{1}{6}y + B, & 0 < x < 1, 0 < y < 1, \\ 0, & \text{其他}. \end{cases}$

　若 X, Y 独立, 则 　　　　　　　　　　　(　　).

　(A) $A = 1, B = \frac{1}{6}$ 　　　　　　　(B) $A = \frac{1}{6}, B = \frac{1}{36}$

　(C) $A = \frac{1}{6}, B = \frac{7}{12}$ 　　　　　　(D) $A = \frac{1}{3}, B = \frac{1}{2}$

4. 设总体 X 的分布列为 $P\{X = 1\} = p$, $P\{X = 0\} = 1 - p$, 其中未知参数 $p \in (0, 1)$. 考虑假设检验问题: $H_0: p = \frac{1}{3}$, $H_1: p = \frac{2}{3}$. 给定 X 的样本 X_1, X_2, 取拒绝域 $W = \{X_1 + X_2 < 1\}$, 则犯第二类错误的概率是 　(　　).

　(A) $\frac{1}{9}$ 　　　(B) $\frac{2}{9}$ 　　　(C) $\frac{4}{9}$ 　　　(D) $\frac{8}{9}$

三、解答题：共 60 分.

1. (10 分) 设离散型随机变量 X 的分布列为 $P\{X = k\} = C(k^2 + k + 1)$, $k = 1, 2, 3$.

   求：(1) 常数 C;

   　　(2) $P\{X \text{ 是奇数}\}$;

   　　(3) $E\left(\dfrac{1}{X(X+1)}\right)$.

2. (8 分) 设连续型随机变量 X 的密度函数为 $f(x) = \begin{cases} Ax^2, & -1 < x \leqslant 1, \\ Bx, & 1 < x \leqslant 3, \\ 0, & \text{其他}. \end{cases}$

   且 $P\{X < 2\} = \dfrac{1}{2}$.

   求：(1) 常数 A, B;

   　　(2) X 的期望、方差.

3. (12 分) 把两个相同的球等可能地放入编号为 $1, 2$ 的两个盒子中, 记落入第 1 号盒子中球的个数为 X, 落入第 2 号盒子中球的个数为 Y.

   求：(1) (X, Y) 的联合分布律;

   　　(2) $P\{2X + Y = 4\}$;

   　　(3) X 的分布列.

4. (12 分) 设连续型随机变量 (X, Y) 的密度函数

$$f(x, y) = \begin{cases} \dfrac{Ay}{x^2}, & 1 < x < 2, 1 < y < 2, \\ 0, & \text{其他}. \end{cases}$$

(1) 求常数 A;

(2) 求 $P\{X < Y\}$;

(3) 判断 X 与 Y 是否独立, 并写明原因.

5. (10 分) 已知总体 X 的密度函数 $f(x) = \begin{cases} \mathrm{e}^{-(x-\theta)}, & x \geqslant \theta, \\ 0, & x < \theta, \end{cases}$ 其中 θ 为未知参数, $\theta > 0$. 设 $X_1, X_2, \cdots, X_n$ 是 X 的样本, 求 θ 的矩估计和极大似然估计.

6. (8 分) 设某种仪器附近的磁场强度 (单位: T) 服从正态分布 $N(\mu, \sigma^2)$, 要求其均值不高于 50. 现有一台新仪器, 对其附近磁场强度测量 9 次, 测得其样本均值 $\bar{x} = 46$ T, 样本标准差 $s = 5$ T. 取显著水平 $\alpha = 0.05$, 能否认为该仪器附近的磁场强度的均值明显低于 50 T?

浙江工业大学概率论与数理统计期末试卷1解析

一、填空题

1. **知识点** 随机事件的差运算及概率的减法公式.

    思路分析

    已知条件中的 $A\bar{B} = A\backslash B$, 提示这道题目利用概率的减法公式来处理.

    解答

    因为 $A\bar{B} = A\backslash B$, 所以 $P(A\bar{B}) = P(A\backslash B) = P(A) - P(AB) = 0.3$,

    从而 $P(B\bar{A}) = P(B\backslash A) = P(B) - P(AB)$

    $$= P(B) - P(A) + P(A) - P(AB) = 0.3 - 0.1 = 0.2.$$

    答案为 0.2.

2. **知识点** 随机事件的表示, 概率的加法公式与独立性.

    思路分析

    两个球颜色相同包含了两种情况: 都是红球或者都是蓝球, 所以可以用概率的加法公式计算两只球颜色相同的概率.

    解答

    设 A 表示从甲盒中选红球, B 表示从乙盒中选红球, 则两只球颜色相同可表示为 $AB \cup \bar{A}\bar{B}$, 故

    $$P(AB \cup \bar{A}\bar{B}) = P(AB) + P(\bar{A}\bar{B}) = P(A)P(B) + P(\bar{A})P(\bar{B})$$

    $$= \frac{2}{5} \cdot \frac{1}{3} + \frac{3}{5} \cdot \frac{2}{3} = \frac{8}{15}.$$

    答案为 $\dfrac{8}{15}$.

3. **知识点**　均匀分布的性质.

思路分析

题目中的已知条件 $X \sim U(a,b), P\{X < 0\} = E(X) = \dfrac{1}{3}$, 提示我们利用均匀分布的两个性质:

(1) $P\{X < x\} = \dfrac{x-a}{b-a}$, 其中 $a < x < b$;

(2) $E(X) = \dfrac{b+a}{2}$,

得到关于参数 a,b 的方程组, 解这个方程组, 可以求出参数 a,b.

解答

由题意, 得

$$P\{X < 0\} = \frac{0-a}{b-a} = \frac{1}{3}, \text{ 即 } 2a + b = 0, \text{ 其中 } a < 0, b > 0;$$

$$E(X) = \frac{a+b}{2} = \frac{1}{3}, \text{ 即 } 3a + 3b = 2.$$

解方程组 $\begin{cases} 2a + b = 0, \\ 3a + 3b = 2, \end{cases}$ 得 $a = -\dfrac{2}{3}, \ b = \dfrac{4}{3}.$

答案为 $-\dfrac{2}{3}, \dfrac{4}{3}.$

4. **知识点**　连续型随机变量分布函数与密度函数的性质.

思路分析

已知连续型随机变量的分布函数, 求分布函数中的待定参数, 一般是根据分布函数的规范性和连续性, 得到关于待定参数的方程组. 解方程组, 即可求出待定参数. 此外, 对连续型随机变量的分布函数求导可以得到密度函数.

解答

由已知条件, 得

$$F(\pi) = 1, \text{ 即 } A - B = 1, F(0) = 0, \text{ 即 } A + B = 0,$$

解方程组 $\begin{cases} A - B = 1, \\ A + B = 0, \end{cases}$ 得

$$A = \frac{1}{2}, B = \frac{1}{2}.$$

又因为 $f(x) = F'(x)$, 所以 $f(x) = \begin{cases} \dfrac{1}{2}\sin x, & 0 < x < \pi, \\ 0, & \text{其他}. \end{cases}$

答案为 $\dfrac{1}{2}$, $\dfrac{1}{2}$, $\begin{cases} \dfrac{1}{2}\sin x, & 0 < x < \pi, \\ 0, & \text{其他}. \end{cases}$

备注

连续型随机变量的密度函数不唯一. 如本题中取密度函数

$f(x) = \begin{cases} \dfrac{1}{2}\sin x, & 0 \leqslant x \leqslant \pi, \\ 0, & \text{其他} \end{cases}$ 也是正确的答案. 这两个函数在分段点处的

定义虽然不一样, 但是并不影响积分的结果.

5. **知识点**　样本均值与样本方差的定义.

思路分析

利用样本均值和样本方差的定义

(1) $\overline{x} = \dfrac{1}{n}\sum\limits_{i=1}^{n} x_i,$

(2) $s^2 = \dfrac{1}{n-1}\sum\limits_{i=1}^{n}(x_i - \overline{x})^2$

来计算.

解答

$\overline{x} = \dfrac{1}{6}(101 + 107 + 98 + 104 + 106 + 102) = 103,$

$s^2 = \dfrac{1}{5}[(101-103)^2 + (107-103)^2 + (98-103)^2 + (104-103)^2 +$

$\qquad (106-103)^2 + (102-103)^2] = \dfrac{56}{5}.$

答案为 103, $\dfrac{56}{5}$.

备注

需要注意, 样本方差的系数是 $\dfrac{1}{n-1}$, 而不是 $\dfrac{1}{n}$.

6. **知识点** 期望、方差的性质, 正态分布的性质, χ^2 分布与 F 分布的定义.

思路分析

本题考查的是 F 分布的定义, 即

(1) 若 $X \sim N(\mu, \sigma^2)$, 则 $\pm \dfrac{X - \mu}{\sigma} \sim N(0, 1)$;

(2) 若 $X_1, X_2, \cdots, X_n$ 均服从标准正态分布且相互独立, 则 $X_1^2 + X_2^2 + \cdots + X_n^2 \sim \chi^2(n)$;

(3) 若 $X \sim \chi^2(n), Y \sim \chi^2(m)$ 且相互独立, 则 $\dfrac{X/n}{Y/m} \sim F(n, m)$.

根据 F 分布的定义, 结合题目中统计量的形式, 去构造服从 $F(1, 1)$ 的统计量, 从而可求出待定常数.

解答

由题意, 得 $X_1 + X_2 + X_3 \sim N(3, 12)$, $X_4 - X_5 \sim N(0, 8)$,

分别将其标准化, 得

$$\pm \frac{X_1 + X_2 + X_3 - 3}{\sqrt{12}} \sim N(0, 1), \quad \pm \frac{X_4 - X_5}{\sqrt{8}} \sim N(0, 1),$$

又因为 X_1, X_2, X_3, X_4, X_5 相互独立, 所以得

$$\frac{\left(\dfrac{X_1 + X_2 + X_3 - 3}{\sqrt{12}} \right)^2}{\left(\dfrac{X_4 - X_5}{\sqrt{8}} \right)^2} = \frac{2}{3} \cdot \frac{(X_1 + X_2 + X_3 - 3)^2}{(X_4 - X_5)^2} \sim F(1, 1),$$

故 $a = 3, C = \dfrac{2}{3}$.

答案为 $3, \dfrac{2}{3}$.

7. **知识点** 方差的计算, 切比雪夫不等式.

思路分析

根据已知条件, 可知本题利用切比雪夫不等式 $P\{|X - E(X)| \geqslant \varepsilon\} \leqslant \dfrac{\text{Var}(X)}{\varepsilon^2}$

的等价形式 $P\{|X - E(X)| < \varepsilon\} \geqslant 1 - \dfrac{\text{Var}(X)}{\varepsilon^2}$ 进行求解.

解答

由题意, 得

$$\text{Var}(X) = E(X^2) - (E(X))^2 = 13 - 9 = 4,$$

利用切比雪夫不等式, 得

$$P\{0 < X < 6\} = P\{|X - 3| < 3\} \geqslant 1 - \frac{\text{Var}(X)}{3^2} = 1 - \frac{4}{9} = \frac{5}{9}.$$

答案为 $\frac{5}{9}$.

8. **知识点**   双侧区间估计.

   思路分析

   本题属于方差未知的情况下, 对均值进行双侧区间估计, 用到的枢变量为

   $$t = \frac{\overline{X} - \mu}{s/\sqrt{n}} \sim t(n-1).$$

   解答

   由 $P\left\{ -t_{\frac{\alpha}{2}}(n-1) < \dfrac{\overline{X} - \mu}{S/\sqrt{n}} < t_{\frac{\alpha}{2}}(n-1) \right\} = 1 - \alpha$

   得 μ 的置信水平为 $1 - \alpha$ 的双侧置信上限为 $\overline{X} + \dfrac{S}{\sqrt{n}} t_{\frac{\alpha}{2}}(n-1)$.

   答案为 $\overline{X} + \dfrac{S}{\sqrt{n}} t_{\frac{\alpha}{2}}(n-1)$.

9. **知识点**   中心极限定理, 正态分布的概率计算.

   思路分析

   本题是利用中心极限定理估算概率的问题, 利用独立同分布随机变量的和的分布近似为正态分布这个结论, 将所求概率的随机事件用独立同分布随机变量的和表示, 然后利用正态分布估算概率.

   解答

   设 X_i 表示第 i 箱货物的质量, 由中心极限定理, 得

   $$X_1 + X_2 + \cdots + X_{100} \text{ 近似服从正态分布 } N(40 \cdot 100, 100 \cdot 2^2),$$

因此

$$P\{3980 < X_1 + X_2 + \cdots + X_{100} < 4020\}$$

$$= P\left\{-1 < \frac{X_1 + X_2 + \cdots + X_{100} - 4000}{20} < 1\right\}$$

$$= \Phi(1) - \Phi(-1) = 2\Phi(1) - 1.$$

答案为 $2\Phi(1) - 1$.

二、选择题

1. **知识点**　随机事件的关系与运算.

   思路分析

   可借助于维恩图.

   解答

   因为 $(A \cup B) \backslash A = B\overline{A}$,

   $(A \cup C) \backslash A = C\overline{A}$,

   所以 $B\overline{A} = C\overline{A}$.

   故选 B.

   备注

   当 A, B 互斥且 A, C 互斥时, 若 $A \cup B = A \cup C$, 则 $B = C$.

2. **知识点**　方差的性质.

   思路分析

   利用方差性质 $\text{Var}(aX + bY) = a^2\text{Var}(X) + 2ab\text{Cov}(X, Y) + b^2\text{Var}(Y)$ 推出关于随机变量 X 和 Y 的数字特征之间的关系.

   解答

   因为

   $$\text{Var}(2X + 3Y) = 4\text{Var}(X) + 9\text{Var}(Y) + 12\text{Cov}(X, Y),$$

   $$\text{Var}(3X + 2Y) = 9\text{Var}(X) + 4\text{Var}(Y) + 12\text{Cov}(X, Y),$$

   又 $\text{Var}(2X + 3Y) = \text{Var}(3X + 2Y)$,

所以 $\text{Var}(X) = \text{Var}(Y)$.

故选 B.

3. **知识点**　指数分布的性质.

   思路分析

   根据已知条件, 利用指数分布的性质: 若 $X \sim \text{Exp}(\lambda)$, 则 $P\{X > x\} = \text{e}^{-\lambda x}(x > 0)$ 可得 a 和 b 之间的关系.

   解答

   因为 $a = P\{X > 1\} = \text{e}^{-\lambda}$, $b = P\{Y > 1\} = \text{e}^{-2\lambda}$,

   所以 $b = a^2$.

   故选 D.

   备注

   指数分布是由尾概率函数 $P\{X > x\} = \text{e}^{-\lambda x}(x > 0)$ 是指数函数而得名的.

4. **知识点**　泊松分布的性质、期望、方差的计算及无偏估计的定义.

   思路分析

   利用参数无偏估计的定义, 即若 $E(\tilde{\theta}) = \theta$, 则称 $\tilde{\theta}$ 是 θ 的无偏估计. 需要计算四个选项中的随机变量的期望, 在计算过程中, 会用到如下的结论:

   (1) 若 $X \sim P(\lambda)$, 则 $E(X) = \lambda, \text{Var}(X) = \lambda$;

   (2) $\text{Var}(X) = E(X^2) - [E(X)]^2$;

   (3) $E(cX) = cE(X), \text{Var}(cX) = c^2\text{Var}(X)$, 其中 c 为常数;

   (4) $E(X_1 + X_2 + \cdots + X_n) = E(X_1) + E(X_2) + \cdots + E(X_n)$;

   (5) 若 $X_1, X_2, \cdots, X_n$ 相互独立, 则

   $$\text{Var}(X_1 + X_2 + \cdots + X_n) = \text{Var}(X_1) + \text{Var}(X_2) + \cdots + \text{Var}(X_n).$$

   解答

   由题意, 得

   $$X_i \sim P(\lambda), \quad i = 1, 2, \cdots, n,$$

   所以

   $$E(X_i) = \lambda, \text{Var}(X_i) = \lambda.$$

又因为

$$E\left(\frac{1}{n}\sum_{i=1}^{n}X_i\right)^2 = \mathrm{Var}\left(\frac{1}{n}\sum_{i=1}^{n}X_i\right) + \left(E\left(\frac{1}{n}\sum_{i=1}^{n}X_i\right)\right)^2 = \frac{1}{n}\lambda + \lambda^2,$$

$$E\left(\frac{1}{n}\sum_{i=1}^{n}X_i^2\right) = E(X_i^2) = \lambda^2 + \lambda,$$

$$E\left(\frac{1}{n}\sum_{i=1}^{n}(X_i^2 - X_i)\right) = \lambda^2 + \lambda - \lambda = \lambda^2,$$

$$E\left(\frac{1}{n}\sum_{i=1}^{n}(X_i^2 + X_i)\right) = \lambda^2 + \lambda + \lambda = \lambda^2 + 2\lambda,$$

根据无偏估计的定义, 得

$$\frac{1}{n}\sum_{i=1}^{n}(X_i^2 - X_i) \text{ 是 } \lambda^2 \text{ 的无偏估计},$$

故选 C.

三、解答题

1. **知识点**　二维离散型随机变量联合分布律的定义及其性质, 边缘分布律的定义, 二维离散型随机变量相互独立的性质.

思路分析

这是一道常规地考查二维离散型随机变量相关知识点的题目.

(1) 第 1 小题的解题思路是利用联合分布律的正则性即 $\sum_i\sum_j p_{ij} = 1$, 其中 $p_{ij} = P\{X = x_i, Y = y_j\}$ 及相互独立的离散型随机变量的联合分布律按行按列都成比例的性质, 可以得到关于参数 a, b, c 满足的 3 个方程构成的方程组, 解此方程组, 可以求出 a, b, c 的值.

(2) 第 2 小题根据边缘分布律的定义 $P\{X = x_i\} = \sum_j p_{ij}$, $P\{Y = y_j\} = \sum_i p_{ij}$, 将联合分布表中的概率值分别按行相加, 按列相加, 可以得到对应的边缘分布律.

(3) 第 3 小题的解题思路是, 将满足随机事件关系式的随机变量 X, Y 的所有可能值找到, 再将其对应的概率相加即可.

解答

(1) 因为 X, Y 相互独立, 所以

$$c = \frac{1}{3} \times \frac{1}{6} = \frac{1}{18}, \quad a = 3b,$$

又由联合分布律的规范性, 得

$$a + b + c = 1 - \frac{1}{3} - \frac{1}{9} - \frac{1}{6} = \frac{7}{18},$$

从而

$$a = \frac{1}{4}, b = \frac{1}{12}, c = \frac{1}{18};$$

(2)

X \\ Y	-1	0	1	
1	$\frac{1}{4}$	$\frac{1}{3}$	$\frac{1}{6}$	$\frac{3}{4}$
2	$\frac{1}{12}$	$\frac{1}{9}$	$\frac{1}{18}$	$\frac{1}{4}$
	$\frac{1}{3}$	$\frac{4}{9}$	$\frac{2}{9}$	

根据边缘分布的定义, 由上表得

X 的边缘分布是

$$P\{X = 1\} = \frac{3}{4}, P\{X = 2\} = \frac{1}{4},$$

Y 的边缘分布是

$$P\{Y = -1\} = \frac{1}{3}, P\{Y = 0\} = \frac{4}{9}, P\{Y = 1\} = \frac{2}{9};$$

(3)

$$P\{X + Y > 1\}$$

$$= P\{X = 1, Y = 1\} + P\{X = 2, Y = 0\} + P\{X = 2, Y = 1\}$$

$$= \frac{1}{6} + \frac{1}{9} + \frac{1}{18} = \frac{1}{3}.$$

2. **知识点** 一维连续型随机变量的密度函数的规范性, 一维连续型随机变量的期望和方差的计算, 一维连续型随机变量函数的密度函数的计算.

思路分析

这是一道考查一维连续型随机变量的常规题目. 设连续型随机变量 X 的密度函数为 $f(x)$,

(1) 第 1 小题求连续型随机变量密度函数的一个待定常数, 一般都是根据密度函数的规范性, 即 $\int_{-\infty}^{+\infty} f(x)\mathrm{d}x = 1$ 得到关于待定常数的一个方程, 解此方程, 可求出待定常数;

(2) 第 2 小题求随机变量的期望和方差, 需要用到连续型随机变量的期望的定义式

$$E(X) = \int_{-\infty}^{+\infty} xf(x)\mathrm{d}x,$$

连续型随机变量函数 $Y = g(X)$ 的期望的计算公式,

$$E(Y) = \int_{-\infty}^{+\infty} g(x)f(x)\mathrm{d}x,$$

计算 $E(X^2)$, 即上式中 $g(x) = x^2$, 再利用方差的计算公式

$$\mathrm{Var}(X) = E(X^2) - [E(X)]^2;$$

(3) 第 3 小题计算连续型随机变量函数的密度函数, 因为本题中随机变量的函数是 $Y = X^2$ 在密度函数的非零定义域 $0 < x < 1$ 上是单调函数, 直接利用如下的结论:

已知随机变量 X 的概率密度函数是 $f(x)$. 设 X 取值范围为 (a, b), 函数 $g : (a, b) \to (c, d)$ 是单调函数, 且有反函数 $h : (c, d) \to (a, b)$, 则 $Y = g(X)$ 的密度函数为 $f_Y(y) = \begin{cases} f_X(h(y))|h'(y)|, & y \in (c, d), \\ 0, & \text{其他.} \end{cases}$

解答

(1) 根据密度函数的规范性, 有

$$1 = \int_0^1 c(1 - x^2)\mathrm{d}x = \frac{2}{3}c,$$

从而 $c = \dfrac{3}{2}$;

(2) 根据期望和方差的计算公式, 得

$$E(X) = \int_0^1 x \frac{3}{2}(1-x^2)\mathrm{d}x = \frac{3}{8},$$

$$E(X^2) = \int_0^1 x^2 \frac{3}{2}(1-x^2)\mathrm{d}x = \frac{1}{5},$$

$$\mathrm{Var}(X) = E(X^2) - [E(X)]^2 = \frac{19}{320};$$

(3) 方法 1: 由 $Y = X^2, 0 < X < 1$, 得 $X = \sqrt{Y}, 0 < Y < 1$, 利用连续型随机变量单调函数的密度函数计算公式, 有

$$f_Y(y) = \begin{cases} \dfrac{3}{2}[1-(\sqrt{y})^2]\dfrac{\mathrm{d}(\sqrt{y})}{\mathrm{d}y}, & 0 < y < 1, \\ 0, & \text{其他}, \end{cases}$$

$$= \begin{cases} \dfrac{3}{4}\left(\dfrac{1}{\sqrt{y}} - \sqrt{y}\right), & 0 < y < 1, \\ 0, & \text{其他}; \end{cases}$$

方法 2: 根据分布函数的定义, 得

$$F_Y(y) = P\{Y \leqslant y\} = P\{X^2 \leqslant y\} = \begin{cases} 1, & y > 1, \\ P\{-\sqrt{y} \leqslant X \leqslant \sqrt{y}\}, & 0 \leqslant y \leqslant 1, \\ 0, & y < 0, \end{cases}$$

$$= \begin{cases} 1, & y > 1, \\ \displaystyle\int_{-\sqrt{y}}^{\sqrt{y}} f(x)\mathrm{d}x, & 0 \leqslant y \leqslant 1, \\ 0, & y < 0, \end{cases}$$

$$= \begin{cases} 1, & y > 1, \\ \displaystyle\int_0^{\sqrt{y}} \frac{3}{2}(1-x^2)\mathrm{d}x, & 0 \leqslant y \leqslant 1, \\ 0, & y < 0, \end{cases}$$

关于 y 求导, 得

$$f_Y(y) = \begin{cases} \dfrac{3}{4}\left(\dfrac{1}{\sqrt{y}} - \sqrt{y}\right), & 0 < y < 1, \\ 0, & \text{其他}. \end{cases}$$

备注

求连续型随机变量函数的密度函数, 如果随机变量函数是单调的, 可以直接利用解题思路中的结论. 如果随机变量函数不是单调函数, 最好的处理办法是先将随机变量函数的分布函数表示出来, 再通过求导来计算密度函数.

3. **知识点** 二维连续型随机变量的联合密度函数的性质, 随机变量的相关系数的计算.

思路分析

这是一道考查二维连续型随机变量的常规题目. 设 (X, Y) 的联合密度函数是 $f(x, y)$,

(1) 第 1 小题利用联合密度函数的规范性, 即 $\displaystyle\int_{-\infty}^{+\infty}\int_{-\infty}^{+\infty} f(x,y)\mathrm{d}x\mathrm{d}y = 1$ 得到关于待定常数的方程, 解方程即可求出待定常数的值.

(2) 第 2 小题利用联合密度函数计算随机事件的概率公式

$$P\{(X, Y) \in G\} = \iint\limits_{(x,y)\in G} f(x,y)\mathrm{d}x\mathrm{d}y;$$

(3) 第 3 小题计算相关系数, 利用相关系数的定义式 $\rho = \dfrac{\mathrm{Cov}(X, Y)}{\sqrt{\mathrm{Var}(X)}\sqrt{\mathrm{Var}(Y)}}$, 协方差的计算公式 $\mathrm{Cov}(X, Y) = E(XY) - E(X)\cdot E(Y)$, 方差的计算公式 $\mathrm{Var}(X) = E(X^2) - [E(X)]^2$, 其中 $E(X) = \displaystyle\int_{-\infty}^{+\infty}\int_{-\infty}^{+\infty} xf(x,y)\mathrm{d}x\mathrm{d}y$, $E(Y) = \displaystyle\int_{-\infty}^{+\infty}\int_{-\infty}^{+\infty} yf(x,y)\mathrm{d}x\mathrm{d}y$, $E(XY) = \displaystyle\int_{-\infty}^{+\infty}\int_{-\infty}^{+\infty} xyf(x,y)\mathrm{d}x\mathrm{d}y$, $E(X^2) = \displaystyle\int_{-\infty}^{+\infty}\int_{-\infty}^{+\infty} x^2f(x,y)\mathrm{d}x\mathrm{d}y$. 类似计算 $\mathrm{Var}(Y)$.

解答

(1) 根据联合密度函数的规范性, 得

$$1 = \int_0^1 \int_0^1 c(1+y)\mathrm{d}x\mathrm{d}y = \frac{3}{2}c,$$

从而 $c = \dfrac{2}{3}$;

(2) $P\{X < Y\} = \int_0^1 \int_0^y c(1+y)\mathrm{d}x\mathrm{d}y = c\int_0^1 y(1+y)\mathrm{d}y = \dfrac{5}{6}c = \dfrac{5}{9}$;

(3) $E(X) = \int_0^1 \int_0^1 xc(1+y)\mathrm{d}x\mathrm{d}y = \dfrac{1}{2}$,

$E(Y) = \int_0^1 \int_0^1 yc(1+y)\mathrm{d}x\mathrm{d}y = \dfrac{5}{9}$,

$E(XY) = \int_0^1 \int_0^1 xyc(1+y)\mathrm{d}x\mathrm{d}y = \dfrac{1}{2}c\int_0^1 y(1+y)\mathrm{d}y = \dfrac{5}{18}$,

从而 $\mathrm{Cov}(X,Y) = E(XY) - E(X) \cdot E(Y) = 0$, 即 $\rho = 0$.

备注

(1) 在利用联合密度函数通过二重积分计算随机事件的概率时, 如果联合密度函数是分块函数, 那么其积分区域是联合密度函数的非零区域与随机事件对应区域的交集.

(2) 计算二维随机变量中某个随机变量的期望, 第一种方法是先将此随机变量的边缘密度函数计算出来, 再利用一维连续型随机变量期望的计算公式; 第二种方法是利用二维连续型随机变量函数的期望的计算公式, 即已知 (X, Y) 的联合密度函数是 $f(x,y)$, $Z = g(X,Y)$ 是连续型随机变量, 则

$$E(Z) = E(g(X,Y)) = \int_{-\infty}^{+\infty} \int_{-\infty}^{+\infty} g(x,y)f(x,y)\mathrm{d}x\mathrm{d}y.$$

一般情况下, 第二种方法比第一种方法要方便一些.

4. **知识点**　参数的矩估计和极大似然估计.

思路分析

(1) 矩估计的基本思路是先将参数与矩的函数关系找到, 一般先计算一阶原点矩, 即期望, 得到的表达式中含有参数, 将参数用期望表示出来, 然后再用

对应的样本矩代替函数表达中的矩就得到了参数的矩估计. 本题利用 $E(X)$ 的表达式, 将参数 α 用 $E(X)$ 的函数表示出来, 然后用 $\overline{X}$ 代替 $E(X)$ 得到参数的矩估计.

(2) 已知总体 X 的密度函数为 $f(x; \alpha)$, $X_1, X_2, \cdots, X_n$ 是样本, 则其似然函数 $L(x_1, x_2, \cdots, x_n; \alpha) = \prod\limits_{i=1}^{n} f(x_i; \alpha)$, 求出其最大值点, 则是参数 α 的极大似然估计.

解答

因为

$$E(X) = \int_0^1 x\alpha x^{\alpha-1}\mathrm{d}x = \frac{\alpha}{\alpha+1},$$

所以

$$\alpha = \frac{E(X)}{1 - E(X)},$$

故参数 α 的矩估计为

$$\tilde{\alpha} = \frac{\overline{X}}{1 - \overline{X}};$$

由题意, 得极大似然函数为

$$L(\alpha) = \prod_{i=1}^{n} \alpha x_i^{\alpha-1},$$

两边取对数, 关于参数 α 求导, 得

$$\frac{\mathrm{d}\ln L}{\mathrm{d}\alpha} = \sum_{i=1}^{n}\left(\frac{1}{\alpha} + \ln x_i\right),$$

令 $\dfrac{\mathrm{d}\ln L}{\mathrm{d}\alpha} = 0$, 可得参数 α 的极大似然估计为

$$\hat{\alpha} = -\frac{n}{\sum\limits_{i=1}^{n} \ln x_i}.$$

备注

(1) 求参数的矩估计时, 如果一阶原点矩, 即期望的表达式不包含待估计的参数, 那么可以去求更高一阶的矩, 找到参数和矩之间的函数关系;

(2) 一般来说, 直接对似然函数求导计算会比较麻烦. 可以先对似然函数取对数后, 再求导. 因为对数函数是严格单调递增函数, 所以这样得到的最大值点还是原来似然函数的最大值点, 这是

5. **知识点**　单正态总体关于均值的双侧假设检验.

思路分析

题目的设问为 "能否认为这批鱼的平均质量是 1000 g", 所以可以确定这是一道关于均值的双侧假设检验问题, 可以将原假设和备择假设写出来. 已知条件中方差未知, 选取的枢变量 $t = \dfrac{\overline{X} - \mu}{S/\sqrt{n}} \sim t(n-1)$, 拒绝域的端点是 t 分布的 $\dfrac{\alpha}{2}$ 分位点.

解答

$$H_0 : \mu = \mu_0 = 1000, \ H_1 : \mu \neq \mu_0,$$

枢变量为:

$$t = \frac{\overline{X} - \mu}{S/\sqrt{n}} \sim t(n-1),$$

查表, 得

$$t_{\frac{0.05}{2}}(15) = 2.1315,$$

取显著性水平 $\alpha = 0.05$ 拒绝域

$$W = \left\{ |t_0| = \left| \frac{\overline{x} - \mu_0}{s/\sqrt{n}} \right| t_{\frac{\alpha}{2}}(15) = 2.1315 \right\},$$

因为

$$t_0 = \frac{\overline{x} - \mu_0}{s/\sqrt{n}} = \frac{991 - 1000}{20/\sqrt{16}} = -1.8 > -2.1315,$$

不在拒绝域中, 所以接受原假设, 可以认为这批鱼的平均质量为 1000 g.

浙江工业大学概率论与数理统计期末试卷2解析

一、填空题

1. **知识点** 随机事件的运算, 加法公式及条件概率.

   思路分析

   这道题目解题思路非常清楚, 利用条件概率的定义式进行计算. 在计算过程中, 需要用到以下几个公式:

   (1) $P(A \cup B) = P(A) + P(B) - P(AB)$;

   (2) $P(A|B) = \dfrac{P(AB)}{P(B)}$.

   解答

   由 $P(A|B) = \dfrac{P(AB)}{P(B)} = 0.2, P(B) = 0.4$, 得

   $$P(AB) = 0.08.$$

   因此 $P(A|A \cup B) = \dfrac{P(A \cap (A \cup B))}{P(A \cup B)} = \dfrac{0.4}{0.4 + 0.4 - 0.08} - \dfrac{5}{9}$.

   答案为 $\dfrac{5}{9}$.

2. **知识点** 离散型随机变量的分布律及其期望的计算, 古典概型的计算, 随机事件的表示, 二维随机变量对应的随机事件的概率计算, 随机事件的乘法公式.

   思路分析

   方法 1: 第 1 个空直接计算 X 的分布律, 利用离散型随机变量期望的定义式 $E(X) = \sum\limits_{i} x_i p_i$ 计算; 第 2 个空和第 3 个空按照古典模型的概率计算方法计算.

   方法 2: 引入两个随机变量 X_1, X_2 分别表示第 1 次和第 2 次投出的点数, 将所求的问题转换为 X_1 和 X_2 对应的随机事件的概率问题来处理.

解答

方法 1

X 的分布律是

X	2	3	4	5	6	7	8	9	10	11	12
p	$\frac{1}{36}$	$\frac{1}{18}$	$\frac{1}{12}$	$\frac{1}{9}$	$\frac{5}{36}$	$\frac{1}{6}$	$\frac{5}{36}$	$\frac{1}{9}$	$\frac{1}{12}$	$\frac{1}{18}$	$\frac{1}{36}$

所以 $E(X) = (2+12) \cdot \frac{1}{36} + (3+11) \cdot \frac{1}{18} + (4+10) \cdot \frac{1}{12} + (5+9) \cdot \frac{1}{9} + (6+$

$8) \cdot \frac{1}{9} + (6+8) \cdot \frac{5}{36} + 7 \cdot \frac{1}{6} = 7$;

根据古典概型的计算方法, 得

$$P\{Y = 3\} = \frac{5}{36}; \ P\{Z = 1\} = \frac{5+5}{36} = \frac{5}{18}.$$

方法 2

设 X_1, X_2 分别表示第 1 次和第 2 次投出的点数, 则 $X = X_1 + X_2$, 有

$$E(X) = E(X_1) + E(X_2),$$

又因为 $E(X_1) = E(X_2) = (1+2+3+4+5+6) \times \frac{1}{6} = \frac{7}{2}$,

所以 $E(X) = 7$;

$$P\{Y = 3\} = 2(P\{X_1 = 3, X_2 = 1\} + P\{X_1 = 3, X_2 = 2\}) + P\{X_1 = 3, X_2 = 3\}$$

$$= 2 \cdot \left(\frac{1}{6} \cdot \frac{1}{6} + \frac{1}{6} \cdot \frac{1}{6} \right) + \frac{1}{6} \cdot \frac{1}{6} = \frac{5}{36};$$

$$P\{Z = 1\} = \sum_{i=1}^{5} P\{X_1 = 6, X_2 = i\} + \sum_{i=1}^{5} P\{X_1 = i, X_2 = 6\}$$

$$= 2 \cdot \frac{1}{6} \cdot \frac{5}{6} = \frac{5}{18}.$$

或由 $Z \sim B\left(2, \frac{1}{6}\right)$, 得 $P\{Z = 1\} = C_2^1 \cdot \frac{1}{6} \cdot \left(1 - \frac{1}{6}\right) = \frac{5}{18}.$

答案是 7, $\frac{5}{36}$, $\frac{5}{18}$.

3. **知识点** 指数分布的性质, 条件概率的计算, 利用随机变量表示随机事件.

   思路分析

   显然, 该问题是一个条件概率的计算问题, 在计算过程中, 用到指数分布如下的性质:

   (1) 若 $X \sim \text{Exp}(\lambda)$, 则 $P\{X > x\} = \mathrm{e}^{-\lambda x}$;

   (2) 若 $X \sim \text{Exp}(\lambda)$, 则 $E(X) = \dfrac{1}{\lambda}$;

   (3) 若 $X \sim \text{Exp}(\lambda)$, 则 $P\{X > s + t | X > s\} = P\{X > t\}$, 其中 $s, t > 0$.

   解答

   由题意, 得 $X \sim \text{Exp}\left(\dfrac{1}{10}\right)$, 所求事件的概率可表示为

   $$P\{X > 20 | X > 10\} = \frac{P\{X > 20\}}{P\{X > 10\}} = \frac{\mathrm{e}^{-2}}{\mathrm{e}^{-1}} = \mathrm{e}^{-1}.$$

   或

   $$P\{X > 20 | X > 10\} = P\{X > 10\} = \mathrm{e}^{-1}.$$

   答案是 e^{-1}.

   备注

   第 2 种方法用的是指数分布的无记忆性.

4. **知识点** 独立事件的概率, 泊松分布, 条件概率, 随机变量的独立性.

   思路分析

   第 1 个空计算服从泊松分布的随机变量对应事件 $\{X \geqslant 2\}$ 的概率, 利用对立事件计算会更方便; 第 2 个空显然利用条件概率的定义式进行处理. 在具体的计算过程中, 需要用到如下的公式或者性质:

   (1) $P(\overline{A}) = 1 - P(A)$;

   (2) 若 $X \sim P(\lambda)$, 则 $P\{X = k\} = \mathrm{e}^{-\lambda}\dfrac{\lambda^k}{k!}$, $k = 0, 1, 2, 3, \cdots$;

   (3) 若二维离散型随机变量 (X, Y) 相互独立, 则 $P\{X = x_i, Y = y_j\} = P\{X = x_i\}P\{Y = y_j\}$.

解答

$$P\{X \geqslant 2\} = 1 - P\{X < 2\} = 1 - P\{X = 0\} - P\{X = 1\} = 1 - \mathrm{e}^{-3} - 3\mathrm{e}^{-3}$$
$$= 1 - 4\mathrm{e}^{-3};$$

$$P\{X = 1 | X + Y = 2\}$$
$$= \frac{P\{X = 1, X + Y = 2\}}{P\{X + Y = 2\}}$$
$$= \frac{P\{X = 1, Y = 1\}}{P\{X = 0, Y = 2\} + P\{X = 1, Y = 1\} + P\{X = 2, Y = 0\}}$$
$$= \frac{3\mathrm{e}^{-3} \cdot \mathrm{e}^{-1}}{\mathrm{e}^{-3} \cdot \mathrm{e}^{-1} \cdot \dfrac{1}{2} + 3\mathrm{e}^{-3} \cdot \mathrm{e}^{-1} + \dfrac{9}{2}\mathrm{e}^{-3} \cdot \mathrm{e}^{-1}} = \frac{3}{8}.$$

答案是 $1 - 4\mathrm{e}^{-3}$, $\dfrac{3}{8}$.

备注

对于泊松分布, 有如下的性质: 若 $X \sim P(\lambda), Y \sim P(\mu)$, 且 X, Y 独立, 则 $X + Y \sim P(\lambda + \mu)$, 此时在 $X + Y = n$ 的条件下, $X \sim B\left(n, \dfrac{\lambda}{\lambda + \mu}\right)$. 在本题中, 如果利用这个性质, 知在 $X + Y = 2$ 的条件下, $X \sim B\left(2, \dfrac{1}{4}\right)$, 因此

$$P\{X = 1 | X + Y = 2\} = \mathrm{C}_2^1 \cdot \frac{1}{4} \cdot \left(1 - \frac{1}{4}\right) = \frac{3}{8}.$$

5. **知识点**　二维随机变量对应随机事件的概率计算, 均匀分布的性质, 随机变量的独立性, 最小值函数的概率计算.

思路分析

(1) 若 $X \sim U(a, b)$, 则 $P\{X \leqslant x\} = \dfrac{x - a}{b - a}$, 其中 $a < x < b$;

(2) $P\{\min(X, Y) \geqslant a\} = P\{X \geqslant a, Y \geqslant a\}$.

解答

$$P\{X + Y \leqslant 2\} = P\{X = 0, Y \leqslant 2\} + P\{X = 1, Y \leqslant 1\} + P\{X = 2, Y \leqslant 0\}$$
$$= P\{X = 0\}P\{Y \leqslant 2\} + P\{X = 1\}P\{Y \leqslant 1\}$$

$$+ P\{X = 2\}P\{Y \leqslant 0\}$$

$$= \frac{1}{3} \cdot 1 + \frac{1}{3} \cdot \frac{1}{2} + \frac{1}{3} \cdot 0 = \frac{1}{2};$$

$$P\{\min(X, Y) \geqslant 1\} = P\{X \geqslant 1, Y \geqslant 1\}$$

$$= P\{X \geqslant 1\}P\{Y \geqslant 1\}$$

$$= (P\{X = 1\} + P\{X = 2\}) \cdot \frac{1}{2}$$

$$= \frac{2}{3} \cdot \frac{1}{2} = \frac{1}{3}.$$

答案是 $\frac{1}{2}$, $\frac{1}{3}$.

6. **知识点**　切比雪夫不等式, 离散型随机变量期望、方差的计算与性质, 中心极限定理, 正态分布的概率计算.

思路分析

(1) 切比雪夫不等式: $P\{|X - E(X)| \geqslant \varepsilon\} \leqslant \dfrac{\mathrm{Var}(X)}{\varepsilon^2}$;

(2) 若离散型随机变量 X 的所有可能取值是 $x_1, x_2, \cdots$, 分布律是 $P\{X = x_i\} = p_i, i = 1, 2, \cdots$, 则

$$E(X) = \sum_i x_i p_i, E(X^2) = \sum_i x_i^2 p_i, \mathrm{Var}(X) = E(X^2) - [E(X)]^2;$$

(3) 若 $X_1, X_2, \cdots, X_n$ 相互独立, 则

$$\mathrm{Var}(C_1 X_1 + C_2 X_2 + \cdots C_n X_n) = C_1^2 \mathrm{Var}(X_1) + C_2^2 \mathrm{Var}(X_2) + \cdots C_n^2 \mathrm{Var}(X_n),$$

其中 $C_1, C_2, \cdots, C_n$ 是任意常数.

(4) 林德伯格-列维中心极限定理:

设 $X_1, \cdots, X_n, \cdots$ 独立同分布, $E(X_1) = \mu$, $\mathrm{Var}(X_1) = \sigma^2$ 存在, 则

$$\frac{X_1 + \cdots + X_n - n\mu}{\sqrt{n}\sigma} \xrightarrow{d} N(0, 1).$$

解答

由题意, 得

$$E(X_1) = 0.125 \times (-1) + 0.125 \times 1 + 0.75 \times 0 = 0,$$

$$E(X_1^2) = 0.125 \times (-1)^2 + 0.125 \times 1^2 + 0.75 \times 0^2 = 0.25,$$

$$\text{Var}(X_1) = 0.25,$$

所以 $E(Y) = \dfrac{1}{100}[E(X_1) + E(X_2) + \cdots + E(X_{100})] = 0,$

$$\text{Var}(Y) = \frac{1}{100}\text{Var}(X_1) = 0.0025,$$

$$P\{|Y| \geqslant 0.1\} = P\{|Y - E(Y)| \geqslant 0.1\} \leqslant \frac{\text{Var}(Y)}{\varepsilon^2} = \frac{0.0025}{0.1^2} = 0.25;$$

根据中心极限定理, 得 Y 近似服从 $N(0, 0.0025)$, 所以

$$\begin{aligned}
P\{|Y| \geqslant 0.1\} &= 1 - P\{|Y| < 0.1\} \\
&= 1 - P\{-0.1 < Y < 0.1\} \\
&= 1 - P\left\{-2 < \frac{Y}{0.05} < 2\right\} \\
&= 1 - \Phi(2) + \Phi(-2) \\
&= 2 - 2\Phi(2) = 0.0456.
\end{aligned}$$

答案是 0.25, 0.0456.

备注

这是一道既考查了切比雪夫不等式, 又考查了中心极限定理的题目. 题目的思路非常清晰, 计算出不等式涉及的随机变量的期望和方差, 代入切比雪夫不等式即可. 第 2 个空利用中心极限定理, 关键就是找到随机变量近似服从的正态分布, 再利用正态分布计算出所求概率即可.

7. **知识点** 期望、方差的计算与性质, 协方差的计算与性质, 相关系数的计算, 正态分布的标准化, χ^2 分布的定义, F 分布的定义, 无偏估计的定义.

思路分析

(1) $\text{Cov}(X, aY + bZ) = a\text{Cov}(X, Y) + b\text{Cov}(X, Z);$

(2) $\rho_{X,Y} = \dfrac{\text{Cov}(X, Y)}{\sqrt{\text{Var}(X)}\sqrt{\text{Var}(Y)}};$

(3) 若 $X \sim N(\mu, \sigma^2)$, 则 $\dfrac{X - \mu}{\sigma} \sim N(0, 1);$

(4) 若 $X_1, X_2, \cdots, X_n$ 相互独立且都服从标准正态分布, 则 $X_1^2 + X_2^2 + \cdots + X_n^2 \sim \chi^2(n)$;

(5) 若 X, Y 相互独立, 则 X, Y 不相关, 即 $\mathrm{Cov}(X, Y) = 0$

(6) 若 $X_1, X_2, \cdots, X_n$ 都是来自服从正态分布 $N(\mu, \sigma^2)$ 的总体, $\overline{X}$ 是样本均值, 则

$$\sum_{i=1}^{n} \left(\frac{X_i - \overline{X}}{\sigma} \right)^2 \sim \chi^2(n-1);$$

(7) 若 $X \sim \chi^2(m), Y \sim \chi^2(n), X, Y$ 独立, 则 $\dfrac{X/m}{Y/n} \sim F(m, n)$.

(8) 若参数 θ 的估计 $\tilde{\theta}$ 满足 $E(\tilde{\theta}) = \theta$, 则称 $\tilde{\theta}$ 为参数 θ 的无偏估计.

解答

由题意, 得 $\mathrm{Var}(Y) = \dfrac{1}{2}\mathrm{Var}(X_1) = \dfrac{1}{2}\sigma^2$,

$$\mathrm{Cov}(X_1, Y) = \mathrm{Cov}\left(X_1, \frac{X_1 + X_2}{2} \right) = \frac{1}{2}\mathrm{Var}(X_1) = \frac{1}{2}\sigma^2,$$

所以

$$\rho(X_1, Y) = \frac{\mathrm{Cov}(X_1, Y)}{\sqrt{\mathrm{Var}(X_1)}\sqrt{\mathrm{Var}(Y)}}$$

$$= \frac{\dfrac{1}{2}\sigma^2}{\sigma \cdot \sqrt{\dfrac{1}{2}}\sigma} = \frac{\sqrt{2}}{2};$$

由题意, 得

$$X_3 - X_4 \sim N(0, 2\sigma^2), \ \text{即} \ \pm\frac{X_3 - X_4}{\sqrt{2}\sigma} \sim N(0, 1),$$

$$\left(\frac{X_1 - Y}{\sigma} \right)^2 + \left(\frac{X_2 - Y}{\sigma} \right)^2 \sim \chi^2(1), \ \text{且相互独立},$$

所以 $\dfrac{\left(\dfrac{X_3 - X_4}{\sqrt{2}\sigma} \right)^2}{\left(\dfrac{X_1 - Y}{\sigma} \right)^2 + \left(\dfrac{X_2 - Y}{\sigma} \right)^2} \sim F(1, 1),$

整理, 得

$$\frac{1}{2} \cdot \frac{(X_3 - X_4)^2}{(X_1 - Y)^2 + (X_2 - Y)^2} \sim F(1,1),$$

所以 $a = \dfrac{1}{2}$;

由无偏估计的定义, 得

$$E\{b[(X_1 - X_2)^2 + (X_3 - x_4)^2]\} = \sigma^2,$$

因为左边 $= 2b \cdot E(X_1 - X_2)^2 = 2b\mathrm{Var}(X_1 - X_2) = 4b\sigma^2,$

所以 $4b = 1$, 故 $b = \dfrac{1}{4}$.

答案是 $\dfrac{\sqrt{2}}{2}$, $\dfrac{1}{2}$, $\dfrac{1}{4}$.

二、选择题

1. **知识点**　二维离散型随机变量独立与不相关的定义与判定方法.

   思路分析

   本题利用如下两个知识点, 通过排除法可以选出正确答案.

   (1) 若 (X, Y) 是二维离散型随机变量, 则 X, Y 不相关的充分必要条件是协方差 $\mathrm{Cov}(X, Y) = 0$;

   (2) 若 (X, Y) 是二维离散型随机变量且 X, Y 独立, 则在其分布表中任意两行两列的概率值对应成比例.

   解答

   根据分布表, 容易看出分布表中任意两行两列的概率值都不成比例, 所以随机变量 X, Y 不独立, 则 C, D 选项排除.

   下面计算 X, Y 的协方差.

   $$E(X) = -1 \cdot \left(x + \frac{1}{3} \right) + 1 \cdot \left(y + \frac{1}{6} \right) = -x + y - \frac{1}{6},$$

   $$E(Y) = 1 \cdot \frac{1}{3} + 2 \cdot \frac{1}{6} = \frac{2}{3},$$

   $$E(XY) = 0,$$

   因为 X, Y 不相关, 所以 $\dfrac{2}{3} \cdot \left(-x + y - \dfrac{1}{6} \right) = 0$, 即 $x - y = -\dfrac{1}{6}$,

   又由联合分布律的规范性, 得

$$x + y = \frac{1}{2},$$

解方程组 $\begin{cases} x - y = -\dfrac{1}{6}, \\[2mm] x + y = \dfrac{1}{2}, \end{cases}$ 得

$$x = \frac{1}{6}, y = \frac{1}{3},$$

答案是 A.

2. **知识点**　随机变量的分布函数的性质.

思路分析

这道题目利用随机变量 x 的分布函数 $F(x)$ 的性质处理.

(1) $F(+\infty) = 1,\ \ F(-\infty) = 0$;

(2) $P\{X = x\} = F(x) - F(x^-)$.

解答

由 $F(+\infty) = 1$ 得 $c = 1$,

由 $F(-\infty) = 0$ 得 $a = 0$,

又 $P\{X = 1\} = F(1) - F(1^-) = 1 - b = 0.2$ 得

$$b = 0.8.$$

答案是 D.

3. **知识点**　均匀分布的期望和方差, 大数定律.

思路分析

(1) 若 $X \sim U(a, b)$, 则 $E(X) = \dfrac{a+b}{2}$, $\mathrm{Var}(X) = \dfrac{1}{12}(b-a)^2$, $P\{X > x\} = \dfrac{b-x}{b-a}$, 其中 $x \in (a, b)$;

(2) 辛钦大数定律: 设 $X_1, \cdots, X_n$ 独立同分布, $E(X_n) = \mu, \mathrm{Var}(X_n) = \sigma^2$ 存在, 则

$$\frac{1}{n}(X_1 + X_2 + \cdots + X_n) \xrightarrow{P} \mu;$$

(3) 伯努利大数定律: 进行独立重复试验, 记 n_A 为前 n 次试验中某事件 A 发生的次数, 则

$$\frac{n_A}{n} \xrightarrow{P} P(A).$$

解答

由题意, 得 $E(X_i) = 3$, $\mathrm{Var}(X_i) = \dfrac{1}{12}(4-2)^2 = \dfrac{1}{3}$,

所以 $E(X_i^2) = \mathrm{Var}(X_i) + E^2(X_i) = \dfrac{28}{3}$,

根据辛钦大数定律, 得

$$\frac{1}{n}(X_1^2 + X_2^2 + \cdots + X_n^2) \xrightarrow{P} E(X_i^2) = \frac{28}{3};$$

因为 $X_1 \sim U(2,4)$, 所以 $P\{X_1 > 3.5\} = \dfrac{1}{4}$,

根据伯努利大数定律, 得

$$\frac{Y_n}{n} \xrightarrow{P} P\{X_1 > 3.5\} = \frac{1}{4},$$

因此 $a = \dfrac{28}{3}, b = \dfrac{1}{4}$.

答案是 D.

备注

利用辛钦大数定律处理问题, 需要根据依概率收敛的序列形式找到满足定理条件的随机变量序列, 本题中的第 1 问用到的满足定理条件的序列是 X_1^2, $X_2^2, \cdots, X_n^2$.

伯努利大数定律的含义是 "频率依概率收敛到概率". 本题中 $\dfrac{Y_n}{n}$ 表示随机事件 $\{X > 3.5\}$ 发生的频率, 其中 $X \sim U(2,4)$.

4. **知识点**　正态分布的期望和方差的定义及计算公式, 连续型随机变量函数的期望的计算公式, 正态总体的样本方差服从的分布, 无偏有效性准则, χ^2 分布的期望与方差.

思路分析

首先根据无偏估计的定义, 验证 4 个选项中的估计量是否满足无偏性, 然后利用估计量的无偏有效性准则

(1) 设 $\tilde{\theta}_1, \tilde{\theta}_2$ 是 θ 的无偏估计量, 若 $\mathrm{Var}(\tilde{\theta}_1) \leqslant \mathrm{Var}(\tilde{\theta}_2)$, 则称 $\tilde{\theta}_1$ 比 $\tilde{\theta}_2$ 有效.

分别计算 4 个选项中无偏估计量的方差大小, 再进行比较. 计算过程中, 需要用到以下的知识点:

(2) 若正态分布 $N(\mu, \sigma^2)$ 的密度函数为 $f(x)$, 则 $E(g(X)) = \displaystyle\int_{-\infty}^{+\infty} f(x)g(x)\mathrm{d}x$;

(3) 设总体 $X \sim N(\mu, \sigma^2)$, $X_1, X_2, \cdots, X_n$ 是来自总体 X 的样本, 则有

$$\frac{(n-1)S^2}{\sigma^2} \sim \chi^2(n-1);$$

(4) 若 $X \sim \chi^2(n)$, 则 $\mathrm{Var}(X) = 2n$.

解答

由题意, 得 $E(X^2) = \mathrm{Var}(X) = \sigma^2$,

则 $E\left(\dfrac{1}{2}(X_1^2 + X_2^2)\right) = \sigma^2$, $\quad E(S^2) = \sigma^2$, $\quad E\left(\dfrac{1}{3}(X_1^2 + X_2^2 + X_3^2)\right) = \sigma^2$,

$$E\left(\frac{1}{4}(X_1^2 + 2X_2^2 + X_3^2)\right) = \sigma^2,$$

因此 4 个选项都是 σ^2 的无偏估计. 下面分别计算它们的方差.

因为 $\left(\dfrac{X}{\sigma}\right)^2 \sim X_{(1)}^2$

所以 $\mathrm{Var}\left(\dfrac{X^2}{\sigma^2}\right) = 2$

即 $\mathrm{Var}(X^2) = 2\sigma^4$

从而 $\mathrm{Var}(X^2) = E(X^4) - E^2(X^2) = 3\sigma^4 - \sigma^4 = 2\sigma^4$,

$$\mathrm{Var}\left(\frac{1}{2}(X_1^2 + X_2^2)\right) = \frac{1}{2}\mathrm{Var}(X^2) = \sigma^4$$

$$\mathrm{Var}\left(\frac{1}{3}(X_1^2 + X_2^2 + X_3^2)\right) = \frac{1}{3}\mathrm{Var}(X^2) = \frac{2}{3}\sigma^4,$$

$$\mathrm{Var}\left(\frac{1}{4}(X_1^2 + 2X_2^2 + X_3^2)\right) = \frac{3}{8}\mathrm{Var}(X^2) = \frac{3}{4}\sigma^4,$$

因为 $\dfrac{2S^2}{\sigma^2} \sim \chi^2(2)$, 所以 $\mathrm{Var}\left(\dfrac{2S^2}{\sigma^2}\right) = 4$,

即 $\dfrac{4}{\sigma^4}\mathrm{Var}(S^2) = 4$, 得 $\mathrm{Var}(S^2) = \sigma^4$,

因为 $\sigma^4 > \dfrac{3}{4}\sigma^4 > \dfrac{2}{3}\sigma^4,$

所以最有效的无偏估计量是 $\dfrac{1}{3}(X_1^2 + X_2^2 + X_3^2),$

答案是 C.

备注

$E(x^4)$ 还可以利用 x 的密度函数 $f(x) = \dfrac{1}{\sqrt{2\pi}\sigma}\mathrm{e}^{-\frac{x^2}{2\sigma^2}}$ 计算, 具体过程如下:

$$
\begin{aligned}
E(X^4) &= \int_{-\infty}^{+\infty} x^4 \frac{1}{\sqrt{2\pi}\sigma}\mathrm{e}^{-\frac{x^2}{2\sigma^2}}\,\mathrm{d}x \\
&= -\int_{-\infty}^{+\infty} x^3 \frac{\sigma}{\sqrt{2\pi}}\mathrm{de}^{-\frac{x^2}{2\sigma^2}} \\
&= \frac{\sigma}{\sqrt{2\pi}}\left(-x^3\mathrm{e}^{-\frac{x^2}{2\sigma^2}}\Big|_{-\infty}^{+\infty} + \int_{-\infty}^{+\infty} 3x^2\mathrm{e}^{-\frac{x^2}{2\sigma^2}}\,\mathrm{d}x\right) \\
&= 3\sigma^2\int_{-\infty}^{+\infty} x^2 \frac{1}{\sqrt{2\pi}\sigma}\mathrm{e}^{-\frac{x^2}{2\sigma^2}}\,\mathrm{d}x \\
&= 3\sigma^2 E(X^2) = 3\sigma^4,
\end{aligned}
$$

三、解答题

1. **知识点**　全概率公式和贝叶斯公式.

思路分析

这是一道分类计算概率和后验概率计算的问题, 分类计算概率需要用到全概率公式: 设 $A_1, A_2, \cdots, A_n$ 为样本空间 Ω 的一个划分, 则

$$
P(B) = \sum_{i=1}^{n} P(A_i)P(B|A_i);
$$

计算后验概率需要用到贝叶斯公式: 设 $A_1, A_2, \cdots, A_n$ 为一个划分, 则

$$
P(A_j|B) = \frac{P(A_j)P(B|A_j)}{\sum\limits_{i=1}^{n} P(A_i)P(B|A_i)}.
$$

解答

(1) 设 A_i 表示是第 i 类棋手, $i = 1, 2, 3$; B 表示小李获胜, 则由全概率公式, 得

$$P(B) = \sum_{i=1}^{3} P(A_i)P(B|A_i) = 0.2 \times 0.4 + 0.5 \times 0.5 + 0.3 \times 0.6 = 0.51;$$

(2) $P(A_3|B) = \dfrac{P(A_3B)}{P(B)} = \dfrac{0.3 \times 0.6}{0.51} = \dfrac{6}{17}.$

备注

利用全概率公式分类计算概率问题, 关键是找到分类方式, 即样本空间的一个划分.

2. **知识点** 连续型随机变量概率密度的性质, 分布函数的定义, 连续型随机变量函数的概率密度的计算.

思路分析

(1) 第 1 小题利用连续型随机变量概率密度的规范性: $\displaystyle\int_{-\infty}^{+\infty} f(x)\mathrm{d}x = 1$, 得到关于参数 c 的方程, 从而求出 c;

(2) 第 2 小题利用连续型随机变量分布函数的计算公式: $F(x) = \displaystyle\int_{-\infty}^{x} f(t)\mathrm{d}t$ 求分布函数;

(3) 第 3 小题计算连续型随机变量函数 $Y = X^2$ 的概率密度, 先写出随机变量函数 Y 的分布函数的定义, 再利用 $Y = X^2$ 将 Y 的分布函数转换成 X 对应的随机事件的概率, 然后用积分表示出来, 再对这个积分表达式关于 y 求导可以得到所求的概率密度函数.

解答

(1) 由概率密度的规范性, 得

$$1 = \int_{-1}^{1} c(x+1)\mathrm{d}x = 2c,$$

故 $c = \dfrac{1}{2}$;

(2)

$$F(x) = \int_{-\infty}^{x} f(t)\mathrm{d}t = \begin{cases} 0, & x < -1, \\ \int_{-1}^{x} f(t)\mathrm{d}t = \dfrac{1}{4}(1+x)^2, & -1 \leqslant x \leqslant 1, \\ 1, & x > 1; \end{cases}$$

(3) $F_Y(y) = P\{Y \leqslant y\} = P\{X^2 \leqslant y\}$.

当 $y \leqslant 0$ 时, $F_Y(y) = 0$;

当 $0 < y \leqslant 1$ 时, $F_Y(y) = \int_{-\sqrt{y}}^{\sqrt{y}} \dfrac{1}{2}(x+1)\mathrm{d}x$;

当 $y > 1$ 时, $F_Y(y) = 1$.

所以 $f_Y(y) = \begin{cases} \dfrac{1}{2\sqrt{y}}, & 0 < y < 1, \\ 0, & \text{其他.} \end{cases}$

3. **知识点**　二维连续型随机变量的性质, 边缘密度函数, 二维随机变量函数的期望的计算.

思路分析

(1) 第 1 小题利用公式 $P\{(x,y) \in G\} = \iint\limits_{G} f(x,y)\mathrm{d}x\mathrm{d}y$ 通过联合概率密度计算随机事件的概率;

(2) 第 2 小题利用公式 $f_X(x) = \int_{-\infty}^{+\infty} f(x,y)\mathrm{d}y$ 计算边缘密度函数;

(3) 第 3 小题计算 $E(Y)$ 有两种方法: 第一种方法先求出 Y 的边缘密度函数 $f_Y(y)$, 再利用连续型随机变量的期望的计算公式: $E(Y) = \int_{-\infty}^{+\infty} y f_Y(y)\mathrm{d}y$ 计算; 第二种方法直接利用公式 $E(Y) = \int_{-\infty}^{+\infty} \int_{-\infty}^{+\infty} y f(x,y)\mathrm{d}x\mathrm{d}y$ 计算.

解答

(1) $P\{Y \leqslant 3X\} = \int_{0}^{+\infty} \mathrm{d}x \int_{x}^{3x} 9\mathrm{e}^{-3y}\mathrm{d}y = \dfrac{2}{3}$;

(2) $f_X(x) = \int_{-\infty}^{+\infty} f(x,y)\mathrm{d}y = \begin{cases} \int_{x}^{+\infty} 9\mathrm{e}^{-3y}\mathrm{d}y = 3\mathrm{e}^{-3x}, & x \geqslant 0, \\ 0, & x < 0; \end{cases}$

(3) 方法 1:

$$f_Y(y) = \int_{-\infty}^{+\infty} f(x,y)\mathrm{d}x = \begin{cases} \int_0^y 9\mathrm{e}^{-3y}\mathrm{d}x = 9y\mathrm{e}^{-3y}, & y \geqslant 0, \\ 0, & y < 0, \end{cases}$$

$$E(Y) = \int_0^{+\infty} y \cdot 9y\mathrm{e}^{-3y}\mathrm{d}y = \frac{2}{3};$$

方法 2:

$$E(Y) = \int_0^{+\infty} \int_x^{+\infty} y9\mathrm{e}^{-3y}\mathrm{d}y\mathrm{d}x = \frac{2}{3}.$$

备注

计算二维连续型随机变量的相关问题时, 需要注意的是联合概率密度函数多数情况下都是分块定义的, 注意积分区域的确定.

4. **知识点**　假设检验.

思路分析

单正态总体下方差已知时关于均值的假设检验用到的枢变量是 $u = \dfrac{\overline{X} - \mu}{\sigma/\sqrt{n}} \sim N(0,1)$. 假设检验问题的一般步骤是: 先写出假设, 根据问题选取合适的枢变量, 利用枢变量和显著性水平, 求出拒绝域, 再将样本观测值代入到枢变量中, 看是否落在拒绝域内, 然后进行判断, 得出最后的结论.

解答

由题意, 得

$H_0 : \mu \geqslant \mu_0 = 500, H_1 : \mu < 500,$

所用的枢变量是 $u = \dfrac{\overline{X} - \mu}{\sigma/\sqrt{n}} \sim N(0,1)$, 查表, 得分位点 $Z_{0.05} = 1.645$,

拒绝域 $W = \left\{ u_0 = \dfrac{\overline{x} - \mu_0}{\sigma/\sqrt{n}} < -Z_{0.05} = -1.645 \right\}$,

$u_0 = \dfrac{\overline{x} - \mu_0}{\sigma/\sqrt{n}} = -1.25 > -1.645,$

不在拒绝域内, 因此接受原假设, 认为 $\mu \geqslant 500$.

备注

做假设检验问题的时候, 单侧假设检验问题用到的分位点是 α 分位点, 双侧假设检验用到的分位点是 $\frac{\alpha}{2}$ 分位点.

5. **知识点**   二维正态分布的性质, 正态分布的概率计算, 期望和方差的性质, 协方差的性质.

   思路分析

   (1) 第 1 小题利用性质: 若 (X, Y) 服从二维正态分布, 则 $aX + bY \, (a^2 + b^2 \neq 0)$ 服从正态分布将所求的问题转化成正态分布的概率计算问题;

   (2) 第 2 小题利用随机变量数字特征的定义和相关性质即可计算;

   第 3 小题利用二维正态分布的两个性质来处理:

   (3) 若 (X, Y) 服从二维正态分布, 则 $(aX + bY, cX + dY)$ 服从二维正态分布, 其中 $ad - bc \neq 0$;

   (4) 若 (X, Y) 服从二维正态分布, 则 X, Y 独立的充要条件是 $\mathrm{Cov}(X, Y) = 0$;

   解答

   (1) 由题意, 得

   $E(X - Y) = 0, \mathrm{Var}(X - Y) = \mathrm{Var}(X) + \mathrm{Var}(Y) - 2\mathrm{Cov}(X, Y) = 16,$

   所以 $X - Y \sim N(0, 16),$

   则 $P\{X > Y + 2\} = P\{X - Y > 2\} = P\left\{\dfrac{X - Y}{4} > \dfrac{1}{2}\right\} = 1 - \varPhi\left(\dfrac{1}{2}\right)$

   $$= 0.3085;$$

   (2) $E[X(X + Y)] = E(X^2) + E(XY)$

   $$= \mathrm{Var}(X) + [E(X)]^2 + \mathrm{Cov}(X, Y) + E(X) \cdot E(Y) = 8;$$

   (3) $Y - aX$ 与 Y 独立的充要条件是 $\mathrm{Cov}(Y - aX, Y) = 0,$

   因为 $\mathrm{Cov}(Y - aX, Y) = \mathrm{Cov}(Y, Y) - a\mathrm{Cov}(X, Y) = 16 - 2a = 0,$

   所以 $a = 8.$

6. **知识点**　参数的矩估计与极大似然估计.

思路分析

连续总体下, 多数情况下求参数矩估计的步骤是: 利用密度函数, 先求期望, 再将参数用期望表示出来, 将表达式中的期望用样本均值代替, 即可得参数的矩估计量; 求极大似然估计的一般步骤是: 先写出似然函数, 即是密度函数的乘积形式, 再求似然函数的最大值点, 即所求参数的极大似然估计量. 如果似然函数是单调函数, 那么最大值在似然函数定义域的边界处取到.

解答

因为 $E(X) = \int_0^\theta x \cdot \dfrac{2x}{\theta^2} \mathrm{d}x = \dfrac{2}{3}\theta$,

所以 $\theta = \dfrac{3}{2}E(X)$,

从而 $\widehat{\theta} = \dfrac{3}{2}\overline{X}$ 是 θ 的矩估计;

似然函数是:

$$L(\theta) = \begin{cases} \dfrac{2x_1}{\theta^2} \cdot \dfrac{2x_2}{\theta^2} \cdots \dfrac{2x_n}{\theta^2} = \dfrac{2^n x_1 x_2 \cdots x_n}{\theta^{2n}}, & \theta \geqslant \max\{x_1, x_2, \cdots, x_n\} \\ 0, & \text{其他} \end{cases}.$$

因为 $L(\theta)$ 关于 θ 是单调减函数, 所以 $L(\theta)$ 在 $\max\{x_1, x_2, \cdots, x_n\}$ 处取到最大值,

从而, $\tilde{\theta} = \max\{x_1, x_2, \cdots, x_n\}$ 是 θ 的最大似然估计.

备注

连续总体下, 如果密度函数是分段函数, 且分段的定义域与所要估计的参数有关, 那么一般情况下, 其对应的似然函数也要选取分段函数, 将分段的定义域写清楚.

浙江工业大学概率论与数理统计期末试卷3解析

一、填空题

1. **知识点** 随机事件的运算.

   思路分析

   随机事件的运算是逻辑运算, 随机事件的表示就是把随机事件的逻辑关系厘清楚.

   (1) $\overline{A}$ 发生等价于 A 不发生.

   (2) AB 发生等价于 A 发生且 B 发生.

   解答

   事件 "点数为 6" 可表示为 "点数是 2 的倍数, 并且是 3 的倍数", 即 "点数为 6" 等价于 "A 发生且 B 不发生", 故可表示为 $A\overline{B}$.

   答案为 $A\overline{B}$.

2. **知识点** 加法原理, 独立性, 全概率公式.

   思路分析

   计算概率的基本法则是加法原理, 就是将事件分解为若干简单事件的不交并, 其概率为这些简单事件的概率之和. 若 $A_1, A_2, \cdots, A_n$ 两两互斥, 则

   $$P(A_1 \cup A_2 \cup \cdots \cup A_n) = P(A_1) + P(A_2) + \cdots + P(A_n).$$

   在概率计算中, 加强对随机事件关系的理解, 适当地运用对称性可以简化计算.

   解答

   方法 1：用 A_i 表示 "第 i 枚硬币正面朝上", $i = 1, 2, 3$, B 表示 "正面朝上的硬币数是偶数", 则 "正面朝上的硬币数是偶数" 可表示为如下的不交并,

   $$\overline{A}_1 A_2 A_3 \cup A_1 \overline{A}_2 A_3 \cup A_1 A_2 \overline{A}_3 \cup \overline{A}_1\ \overline{A}_2\ \overline{A}_3$$

   则由加法原理和独立性假设,

   $$p = P(\overline{A}_1 A_2 A_3) + P(A_1 \overline{A}_2 A_3) + P(A_1 A_2 \overline{A}_3) + P(\overline{A}_1\ \overline{A}_2\ \overline{A}_3)$$

$$= 0.6 \times 0.5 \times 0.7 + 0.4 \times 0.5 \times 0.7 + 0.4 \times 0.5 \times 0.3 + 0.6 \times 0.5 \times 0.3 = 0.5$$

方法 2: 用 A_i 表示 "第 i 枚硬币正面朝上", $i = 1, 2, 3$, B 表示 "正面朝上的硬币数是偶数", C 表示 "第 1, 3 枚硬币中正面朝上的硬币数是偶数". 注意到 $P(A_2) = 0.5$ 的特殊性, 由全概率公式

$$P(B) = P(A_2)P(B|A_2) + P(\overline{A_2})P(B|\overline{A_2})$$

$$= P(A_2)P(\overline{C}) + P(\overline{A_2})P(C) = \frac{1}{2}[P(\overline{C}) + P(C)] = 0.5.$$

答案为 0.5.

备注

由方法 2, 在上面的问题中, 不管共有多少枚硬币, 只要其中有 1 枚硬币正面朝上的概率为 0.5, 则 "正面朝上的硬币数是偶数" 的概率就是 0.5.

3. **知识点**   加法公式, 乘法公式和条件概率.

   思路分析
   概率计算的基本法则是加法公式和乘法公式.
   (1) 加法公式 $P(A \cup B) = P(A) + P(B) - P(AB)$.
   (2) 乘法公式 $P(AB) = P(A)P(B|A)$.
   (3) 条件概率公式 $P(B|A) = \dfrac{P(AB)}{P(A)}$.

   解答

$$P(A \cup B) = P(A) + P(B) - P(AB) = \frac{3}{2}P(A) - P(AB)$$

$$= 3P(AB) \Rightarrow P(AB) = \frac{3}{8}P(A).$$

   可得 $P(B|A) = \dfrac{P(AB)}{P(A)} = \dfrac{3}{8}$.

   答案是 $\dfrac{3}{8}$.

4. **知识点**   分布函数的性质.

   思路分析
   分布函数具有单调性、规范性、右连续性 3 条基本性质, 其中单调性是不

等关系一般不参与运算.

(1) 规范性 $F(-\infty) = \lim\limits_{x \to -\infty} F(x) = 0, F(+\infty) = \lim\limits_{x \to +\infty} F(x) = 1.$

(2) 右连续性 $F(x^+) = \lim\limits_{y \to x^+} F(y) = F(x).$

解答

由规范性和右连续性,

$$1 = F(+\infty) = A,$$

$$0 = F(0) = F(0^+) = A + B \Rightarrow B = -1.$$

答案是 $1, -1$.

备注

若此处分布函数改为 $F(x) = \begin{cases} A + Be^{-2x}, & x \geqslant 0, \\ 0, & x < 0, \end{cases}$ 则 0 点处的右连续性

自然成立, 故 $B \in [-1, 0]$ 都是合法的.

5. **知识点** 泊松分布的数字特征、期望的可加性.

思路分析

(1) 设 $X \sim P(\lambda)$, 则 $E(X) = \lambda, E[X(X-1)] = \lambda^2.$

(2) 泊松分布的数字特征一般利用上述基本结论和期望的可加性来计算, 比如

$$E(X^2) = E[X(X-1) + X] = E[X(X-1)] + E(X) = \lambda^2 + \lambda.$$

解答

$E[X(X+1)] = E[X(X-1) + 2X] = E[X(X-1)] + 2E(X) = \lambda^2 + 2\lambda$, 从
而 $\lambda^2 + 2\lambda = 8 \Rightarrow \lambda = 2, -4$, 由于 $\lambda > 0$, 则 $\lambda = 2$.
答案为 2.

备注

一般地, 若 $X \sim P(\lambda), E[X(X-1)\cdots(X-k+1)] = \lambda^k.$

6. **知识点** 随机变量函数的分布.

思路分析

连续型随机变量函数的分布一般用分布函数法来求, 单调情形有下面的结

论. 设 X 取值范围为 (a, b), 函数 $g : (a, b) \to (c, d)$ 是单调函数, 且有反函数 $h : (c, d) \to (a, b)$, 则 $Y = g(X)$ 的密度函数为

$$f_Y(y) = \begin{cases} f_X(h(y))|h'(y)|, & c < y < d, \\ 0, & \text{其他}. \end{cases}$$

解答

应用上述公式, Y 取值范围 $(0, 1)$, 反函数 $h(y) = 1 - \sqrt{y}$,

$$f_Y(y) = \begin{cases} f_X(h(y))|h'(y)| = \dfrac{1}{2\sqrt{y}}, & 0 < y < 1, \\ 0, & \text{其他}. \end{cases}$$

答案是 $\begin{cases} \dfrac{1}{2\sqrt{y}}, & 0 < y < 1, \\ 0, & \text{其他}. \end{cases}$

备注

应用上述结论需要验证其单调性条件.

7. **知识点** 中心极限定理, 正态分布的概率计算.

思路分析

用中心极限定理估算概率, 就是独立同分布随机变量的和的分布近似为正态分布, 然后用正态分布估算概率.

(1) 设 $X_1, X_2, \cdots, X_n$ 独立同分布, 期望均为 μ, 方差均为 σ^2, 则当 n 充分大时, $X_1 + X_2 + \cdots + X_n$ 近似服从 $N(n\mu, n\sigma^2)$.

(2) 若 $X \sim N(\mu, \sigma^2)$, $a < b$, 则 $P\{a < X < b\} = \Phi\left(\dfrac{b - \mu}{\sigma}\right) - \Phi\left(\dfrac{a - \mu}{\sigma}\right)$.

解答

设 X_i 为第 i 箱货物的质量, $i = 1, 2, \cdots, 100$, 则由中心极限定理,

$$X_1 + X_2 + \cdots + X_{100} \sim N(100 \times 100, 100 \times 5^2),$$

故

$$P\{X_1 + X_2 + \cdots + X_{100} \geqslant 9900\} \approx 1 - \Phi\left(\dfrac{9900 - 10000}{50}\right)$$

$$= 1 - \Phi(-2) = \Phi(2) = 0.9773.$$

答案为 0.9773.

8. **知识点**　常见统计量的定义.

思路分析

给定样本 $x_1, x_2, \cdots, x_n$, 则

(1) 样本均值 $\overline{x} = \dfrac{1}{n} \sum\limits_{i=1}^{n} x_i$.

(2) 二阶样本中心矩 $b_2 = \dfrac{1}{n} \sum\limits_{i=1}^{n} (x_i - \overline{x})^2$.

解答

$$\overline{x} = \frac{1}{6}(9 + 11 + 14 + 15 + 12 + 11) = 12;$$

$$b_2 = \frac{1}{6}[(-3)^2 + (-1)^2 + 2^2 + 3^2 + 0^2 + (-1)^2] = 4.$$

答案是 $12, 4$.

备注

二阶样本中心矩 b_2 和样本方差 s^2 不一样, $s^2 = \dfrac{1}{n-1} \sum\limits_{i=1}^{n} (x_i - \overline{x})^2$.

9. **知识点**　F 分布、χ^2 分布.

思路分析

对于统计学分布, χ^2 分布、t 分布和 F 分布, 首先是掌握其构造.

(1) 若 $X \sim N(\mu, \sigma^2)$, 则 $\pm \dfrac{X - \mu}{\sigma} \sim N(0, 1)$.

(2) 若 $X_1, X_2, \cdots, X_n$ 独立, 均服从 $N(0, 1)$, 则 $X_1^2 + X_2^2 + \cdots + X_n^2 \sim \chi^2(n)$.

(3) 若 $X \sim \chi^2(n_1), Y \sim \chi^2(n_2)$ 独立, 则 $\dfrac{X_1/n_1}{X_2/n_2} \sim F(n_1, n_2)$.

解答

根据正态分布的性质, F 分布和 χ^2 分布的构造,

$$\pm \frac{X_1 + X_2 + X_3}{\sqrt{3}\sigma} \sim N(0, 1), \quad \pm \frac{X_4}{\sigma} \sim N(0, 1) \text{ 相互独立},$$

$$从而 \left(\frac{X_1 + X_2 + X_3}{\sqrt{3}\sigma} \right)^2 \sim \chi^2(1), \quad \left(\frac{X_4}{\sigma} \right)^2 \sim \chi^2(1) \text{ 相互独立},$$

可得 $\dfrac{\left(\dfrac{X_1+X_2+X_3}{\sqrt{3}\sigma}\right)^2 \Big/ 1}{\left(\dfrac{X_4}{\sigma}\right)^2 \Big/ 1} = \dfrac{1}{3}\dfrac{(X_1+X_2+X_3)^2}{X_4^2} \sim F(1,1).$

与题目条件相比较, 可得 $C = \dfrac{1}{3}$.

答案是 $\dfrac{1}{3}$.

二、选择题

1. **知识点**　期望、方差及其意义.

思路分析

期望是随机变量的取值按可能性的加权平均值, 方差反映了随机变量分布的分散程度.

解答

方法 1: 对 $-\dfrac{1}{3} < t < \dfrac{1}{3}$,

$$E(X) = \frac{1}{3} \times 1 + \left(\frac{1}{3} - t\right) \times 2 + \left(\frac{1}{3} + t\right) \times 3 = 2 + t,$$

$$E(X^2) = \frac{1}{3} \times 1^2 + \left(\frac{1}{3} - t\right) \times 2^2 + \left(\frac{1}{3} + t\right) \times 3^2 = \frac{14}{3} + 5t,$$

$$\mathrm{Var}(X) = E(X^2) - [E(X)]^2 = \frac{2}{3} + t - t^2,$$

故当 t 增加时, 期望增加, 方差也增加.

方法 2: 期望 $E(X) = 2 + t$ 同上. 由 $\mathrm{Var}(X) = E[(X-c)^2] - (E(X)-c)^2$, 注意到,

$$E\left[\left(X - \frac{5}{2}\right)^2\right] = \frac{1}{3} \times \left(\frac{3}{2}\right)^2 + \left(\frac{1}{3} - t\right) \times \left(\frac{1}{2}\right)^2 + \left(\frac{1}{3} + t\right) \times \left(\frac{1}{2}\right)^2 = \frac{11}{12}$$

是常数, 当 $-\dfrac{1}{3} < t < \dfrac{1}{3}$ 时, $\left(E(X) - \dfrac{5}{2}\right)^2$ 随 t 增加而减小, 故 $\mathrm{Var}(X)$ 随 t 增加而增加.

答案是 A.

2. **知识点**　指数分布的性质.

   思路分析

   指数分布的基本性质之一是, 独立指数分布的极小值仍然服从指数分布.

   解答

   设 $X \sim \mathrm{Exp}(\lambda), Y \sim \mathrm{Exp}(\mu)$, 则由指数分布的尾概率, 对 $t > 0$,

   $$P\{X > t\} = \mathrm{e}^{-\lambda t}, P\{Y > t\} = \mathrm{e}^{-\mu t},$$

   $$P\{\min\{X, Y\} > t\} = P\{X > t, Y > t\} = \mathrm{e}^{-(\lambda + \mu)t},$$

   故 $\min\{X, Y\} \sim \mathrm{Exp}(\lambda + \mu)$.

   答案是 C.

3. **知识点**　相关性的概念, 协方差的运算.

   思路分析

   随机变量 X, Y 不相关就是协方差 $\mathrm{Cov}(X, Y) = 0$, 协方差计算主要是利用对称双线性性质,

   (1) 对称性 $\mathrm{Cov}(X, Y) = \mathrm{Cov}(Y, X)$;

   (2) 线性性 $\mathrm{Cov}(aX + bY, Z) = a\,\mathrm{Cov}(X, Z) + b\,\mathrm{Cov}(Y, Z)$.

   此外 $\mathrm{Cov}(X, X) = \mathrm{Var}(X)$.

   解答

   $$\mathrm{Var}(X) = E(X^2) - [E(X)]^2 = 4, \mathrm{Var}(Y) = E(Y^2) - [E(Y)]^2 = 6,$$

   $$\mathrm{Cov}(X, Y) = E(XY) - E(X) \cdot E(Y) = 2,$$

   $$\mathrm{Cov}(X + tY, X - Y) = \mathrm{Cov}(X, X - Y) + t\mathrm{Cov}(Y, X - Y)$$

   $$= [\mathrm{Var}(X) - \mathrm{Cov}(X, Y)] - t[\mathrm{Var}(Y) - \mathrm{Cov}(X, Y)]$$

   $$= 2 - 4t = 0,$$

   所以 $t = \dfrac{1}{2}$.

   答案是 C.

4. **知识点**　大数定律, 依概率收敛, 期望的性质, 泊松分布的数字特征.

思路分析

(1) 辛钦大数定律 设 $X_1, X_2, X_3, \cdots$ 是独立同分布随机变量序列, 期望 μ、方差 σ^2 存在, 则样本均值 $\frac{1}{n}(X_1 + X_2 + \cdots + X_n)$ 依概率收敛于 μ, 即对任意 $\varepsilon > 0$,

$$\lim_{n \to \infty} P\left\{\left|\frac{1}{n}(X_1 + X_2 + \cdots + X_n) - \mu\right| < \varepsilon\right\} = 1.$$

(2) 设 X, Y 相互独立, 则 $E(XY) = E(X) \cdot E(Y)$.

(3) 设 $X \sim P(\lambda)$, 则 $E(X) = \lambda$.

解答

令 $Y_n = X_{2n-1}X_{2n}, n = 1, 2, 3, \cdots$, 则 $Y_1, Y_2, \cdots, Y_n, \cdots$ 独立同分布, 故由大数定律,

$$\frac{1}{n}(Y_1 + Y_2 + \cdots + Y_n) \overset{P}{\longrightarrow} E(Y_1).$$

根据独立乘积的期望等于期望的乘积, 以及泊松分布的性质,

$$E(Y_1) = E(X_1 X_2) = E(X_1) \cdot E(X_2) = 2 \times 2 = 4.$$

答案是 B.

5. **知识点** 统计量, 样本方差, 无偏性.

思路分析

首先估计量必须是统计量, 即没有未知量的样本函数.

(1) 统计量 $\hat{\theta}$ 称为是参数 θ 的无偏估计, 若 $E(\hat{\theta}) = \theta$.

(2) 样本均值 $\overline{X}$ 是总体均值 $E(X)$ 的无偏估计; 样本方差 S^2 是总体方差 $\mathrm{Var}(X)$ 的无偏估计.

解答

估计量必须是统计量, 故选项 A,B 不成立;

样本方差的均值是总体方差, 即样本方差是方差的无偏估计. σ^2 是正态分布的方差, $S^2 = \frac{1}{n-1} \sum_{i=1}^{n} (X_i - \overline{X})^2$ 为样本方差, 故正确选项为 D.

答案是 D.

备注

样本方差最初定义为 $\frac{1}{n}\sum\limits_{i=1}^{n}(X_i-\overline{X})^2$，将其修正为 $S^2=\frac{1}{n-1}\sum\limits_{i=1}^{n}(X_i-\overline{X})^2$ 后为方差的无偏估计，故 S^2 也称为无偏样本方差.

6. **知识点** 显著性检验，显著性水平.

思路分析

显著性水平 α 代表显著性的标准，概率小于等于 α 的事件称为是显著的，否则是不显著的. α 越小，则对显著性的要求越高. 显著性检验的思想是：假设原假设成立，当有显著的证据时，拒绝原假设；否则，接受原假设.

解答

当 $\alpha' < \alpha$ 时，对显著性的要求更高，即拒绝原假设的要求更高，拒绝域变小. 原先拒绝原假设，不能说明现在也拒绝原假设.

当 $\alpha' > \alpha$ 时，对显著性的要求降低，拒绝原假设的要求更容易，拒绝域变大. 原先拒绝原假设，则现在必然也拒绝原假设.

答案为 D.

三、解答题

1. **知识点** 离散型随机变量分布列的规范性、期望和随机变量的函数.

思路分析

设离散型随机变量 X 的分布列为 $P\{X=x_i\}=p_i, i=1,2,\cdots$，则

(1) 分布列满足非负性 $p_i \geqslant 0$ 和规范性 $\sum\limits_{i} p_i = 1$.

(2) X 的期望定义为 $E(X)=\sum\limits_{i} x_i p_i$.

(3) 求函数 $Y=g(X)$ 的分布列分为两步. 1) 找出 Y 的所有可能取值 $y_j, j=1,2,\cdots$；2) 求所有的概率 $P\{Y=y_j\}$，

$$P\{Y=y_j\}=P\{g(X)=y_j\}=\sum_{g(x_i)=y_j} P\{X=x_i\}.$$

解答

(1) 由分布列的规范性和期望的定义，得

$$\begin{cases} a+b=0.5, \\ 2a+3b=2.6-1\times0.2-4\times0.3=1.2, \end{cases}$$

解得 $a = 0.3, b = 0.2$;

(2) 函数值表为

X	1	2	3	4
Y	3	1	1	5

故 Y 取值 $1, 3, 5$, 且

$$P\{Y = 1\} = P\{X = 2\} + P\{X = 3\} = 0.5,$$

$$P\{Y = 3\} = P\{X = 1\} = 0.2,$$

$$P\{Y = 5\} = P\{X = 4\} = 0.3,$$

Y 的分布列是

Y	1	3	5
p	0.5	0.2	0.3

2. **知识点** 贝叶斯公式.

思路分析

$\{A_i, i = 1, 2, \cdots, n\}$ 称为是一个划分, 若 $i \neq j \Rightarrow A_i A_j = \varnothing$ 且 $\bigcup_{i=1}^{n} A_i = \Omega$.

若 $\{A_i, i = 1, 2, \cdots, n\}$ 是一个划分, B 为随机事件, 则有贝叶斯公式

$$P(A_j | B) = \frac{P(A_j) P(B | A_j)}{\sum\limits_i P(A_i) P(B | A_i)}.$$

解答

分别用 A, B 表示 "发送、接收的信号为 0", 则由贝叶斯公式, 得

$$P(A|B) = \frac{P(A)P(B|A)}{P(A)P(B|A) + P(\bar{B})P(A|\bar{B})} = \frac{0.5 \times 0.8}{0.5 \times 0.8 + 0.5 \times 0.4} = \frac{2}{3}.$$

备注

$\{A, \bar{A}\}$ 是一个划分.

3. **知识点**　连续型随机变量密度函数的规范性、期望、函数的期望及方差.

   思路分析

   设连续型随机变量 X 的密度函数为 $f(x)$, 则

   (1) $f(x) \geqslant 0$ 且满足规范性 $\displaystyle\int_{-\infty}^{+\infty} f(x)\,\mathrm{d}x = 1$.

   (2) X 的期望定义为 $E(X) = \displaystyle\int_{-\infty}^{+\infty} xf(x)\,\mathrm{d}x$.

   (3) $g(X)$ 的期望 $E[g(X)] = \displaystyle\int_{-\infty}^{+\infty} g(x)f(x)\,\mathrm{d}x$.

   (4) $\mathrm{Var}(X) = E(X^2) - [E(X)]^2$.

   解答

   (1) 由密度函数的规范性, 得

   $$1 = \int_0^2 C(3x - x^2)\,\mathrm{d}x = C\left(3 \times 2 - \frac{8}{3}\right) = \frac{10}{3}C,$$

   所以 $C = 0.3$.

   (2) 根据连续变量期望的定义和函数的期望的计算公式, 得

   $$E(X) = \int_0^2 x\,C(3x - x^2)\,\mathrm{d}x = C\left(3 \times \frac{8}{3} - 4\right) = 4C = 1.2,$$

   $$E(X^2) = \int_0^2 x^2\,C(3x - x^2)\,\mathrm{d}x = C\left(3 \times 4 - \frac{32}{5}\right) = \frac{28}{5}C = 1.68,$$

   $$\mathrm{Var}(X) = 1.68 - (1.2)^2 = 0.24.$$

   $$E(|X - 1|) = \int_0^2 |x - 1|C(3x - x^2)\,\mathrm{d}x$$

   $$= C\int_{-1}^1 |y|[3(y + 1) - (y + 1)^2]\,\mathrm{d}y \quad (y = x - 1)$$

   $$= C\int_{-1}^1 |y|(2 + y - y^2)\,\mathrm{d}y = 2C\int_0^1 y(2 - y^2)\,\mathrm{d}y = \frac{3}{2}C = 0.45.$$

4. **知识点**　联合密度函数的规范性、概率计算、期望和协方差的计算.

   思路分析

   设连续型随机变量 (X, Y) 的密度函数为 $f(x, y)$, 则

(1) $f(x,y) \geqslant 0$ 且满足规范性 $\displaystyle\int_{-\infty}^{+\infty}\int_{-\infty}^{+\infty} f(x,y)\,\mathrm{d}x\mathrm{d}y = 1.$

(2) $P\{(X,Y) \in A\} = \displaystyle\iint\limits_{A} f(x,y)\,\mathrm{d}x\mathrm{d}y.$

(3) X 的期望定义为 $E(X) = \displaystyle\int_{-\infty}^{+\infty}\int_{-\infty}^{+\infty} xf(x,y)\,\mathrm{d}x\mathrm{d}y.$

(4) $g(X,Y)$ 的期望 $E[g(X,Y)] = \displaystyle\int_{-\infty}^{+\infty}\int_{-\infty}^{+\infty} g(x,y)f(x,y)\,\mathrm{d}x\mathrm{d}y.$

(5) $\mathrm{Cov}(X,Y) = E(XY) - E(X)\,E(Y).$

解答

(1) 由联合密度函数的规范性,

$$1 = \int_0^2 \int_0^1 \left(Cx + \frac{1}{2}y\right)\,\mathrm{d}y\,\mathrm{d}x = \int_0^2 Cx\,\mathrm{d}x + \int_0^2 \frac{1}{4}\,\mathrm{d}x = 2C + \frac{1}{2},$$

故 $C = \dfrac{1}{4}.$

(2)

$$P\{X < Y\} = \int_0^1 \int_0^y \left(Cx + \frac{1}{2}y\right)\,\mathrm{d}x\,\mathrm{d}y$$

$$= \int_0^1 \left(\frac{C}{2}y^2 + \frac{1}{2}y^2\right)\,\mathrm{d}y = \frac{C}{6} + \frac{1}{6} = \frac{5}{24}.$$

(3)

$$E(X) = \int_0^2 \int_0^1 x\left(Cx + \frac{1}{2}y\right)\mathrm{d}y\mathrm{d}x = \int_0^2 \left(Cx^2 + \frac{1}{4}x\right)\mathrm{d}x = \frac{8}{3}C + \frac{1}{2} = \frac{7}{6},$$

$$E(Y) = \int_0^2 \int_0^1 y\left(Cx + \frac{1}{2}y\right)\mathrm{d}y\mathrm{d}x = \int_0^2 \left(\frac{C}{2}x + \frac{1}{6}\right)\mathrm{d}x = \frac{1}{4} + \frac{1}{3} = \frac{7}{12},$$

$$E(XY) = \int_0^2 \int_0^1 xy\left(Cx + \frac{1}{2}y\right)\mathrm{d}y\mathrm{d}x = \int_0^2 \left(\frac{C}{2}x^2 + \frac{1}{6}x\right)\mathrm{d}x = \frac{1}{3} + \frac{1}{3} = \frac{2}{3},$$

$$\mathrm{Cov}(X,Y) = \frac{2}{3} - \frac{7}{6} \times \frac{7}{12} = -\frac{1}{72}.$$

5. **知识点** 矩估计和极大似然估计.

    思路分析

    矩估计的基本思路: 将被估参数表示为矩的函数 $\theta = h(\mu_1, \cdots, \mu_k)$, 则用相应的样本矩的函数作为该参数的估计, 即 $\hat{\theta} = h(A_1, \cdots, A_k)$. 原则上, 应该尽量使用较低阶的矩.

极大似然估计的基本思路和步骤: 似然函数 $L(\theta)$ 表示参数为 θ 时试验结果发生的可能性, 即

$$
L(\theta) = \begin{cases} \prod_{i=1}^{n} P\{X = x_i; \theta\}, & \text{离散型,} \\ \prod_{i=1}^{n} f(x_i; \theta), & \text{连续型.} \end{cases}
$$

似然函数的最大值点, 即使得试验结果最可能发生的参数值就是该参数的极大似然估计 $\tilde{\theta}$, 即 $L(\tilde{\theta}) = \max_{\theta \in \Theta} L(\theta)$, 其中 Θ 是参数 θ 的取值范围. 如果要通过求导的方法来找最大值点, 那么往往先做对数变换 $l(\theta) = \ln L(\theta)$ (l 称为对数似然函数), 因为 $l = \ln L$ 和 L 具有相同的最大值点, 其导数计算一般会更容易.

解答

(1) 矩估计

$$
E(X) = \int_0^\infty \lambda^2 x^2 \mathrm{e}^{-\lambda x} \, \mathrm{d}x = \frac{2}{\lambda},
$$

故 $\lambda = \dfrac{2}{E(X)}$, λ 的矩估计 $\hat{\lambda} = 2(\overline{X})^{-1}$;

(2) 极大似然估计

$$
L(\lambda) = \prod_{i=1}^{n} (\lambda^2 x_i \mathrm{e}^{-\lambda x_i}),
$$

$$
l(\lambda) = \ln L(\lambda) = \sum_{i=1}^{n} (2\ln\lambda + \ln x_i - \lambda x_i),
$$

$$
\frac{\mathrm{d}l}{\mathrm{d}\lambda} = \sum_{i=1}^{n} \left(\frac{2}{\lambda} - x_i\right),
$$

令 $\dfrac{\mathrm{d}\ln L}{\mathrm{d}\lambda} = 0$, 可得 λ 的极大似然估计 $\hat{\lambda} = 2(\overline{X})^{-1}$.

6. **知识点**　单正态总体参数区间估计和假设检验的枢变量方法.

思路分析

设总体 $X \sim N(\mu, \sigma^2)$, 其中 σ^2 已知.

(1) μ 的区间估计选用枢变量 $u = \dfrac{\sqrt{n}(\overline{X} - \mu)}{\sigma} \sim N(0,1)$, 其置信水平为 $1 - \alpha$ 的双侧置信区间为 $\left(\overline{X} - \dfrac{\sigma}{\sqrt{n}} Z_{\alpha/2}, \overline{X} + \dfrac{\sigma}{\sqrt{n}} Z_{\alpha/2} \right)$.

(2) 对假设检验问题 $H_0 : \mu = \mu_0$, $H_1 : \mu \neq \mu_0$, 选用枢变量 $u = \dfrac{\sqrt{n}(\overline{x} - \mu)}{\sigma} \sim N(0,1)$, 取显著水平为 α 时, 拒绝域 $W = \left\{ |u_0| = \left| \dfrac{\sqrt{n}(\overline{X} - \mu_0)}{\sigma} \right| > Z_{\alpha/2} \right\}$.

(3) 根据相同的数据, 并取相同的 α, 选取相同的枢变量, 则假设检验问题 $H_0 : \mu = \mu_0$, $H_1 : \mu \neq \mu_0$ 中接受原假设等价于 μ_0 在置信区间中, 即 $\mu_0 \in \left(\overline{X} - \dfrac{\sigma_0}{\sqrt{n}} Z_{\alpha/2}, \overline{X} + \dfrac{\sigma_0}{\sqrt{n}} Z_{\alpha/2} \right)$.

解答

(1)

$$u = \frac{\sqrt{n}(\overline{X} - \mu)}{\sigma} \sim N(0,1),$$

μ 的置信水平为 $1 - \alpha$ 的双侧置信区间为 $\left(\overline{X} - \dfrac{\sigma}{\sqrt{n}} Z_{\alpha/2}, \overline{X} + \dfrac{\sigma}{\sqrt{n}} Z_{\alpha/2} \right)$,

代入数据, $\overline{x} = 98.5$, $\sigma = 4$, $n = 16$, $Z_{0.025} = 1.96$, 计算得置信区间为 $(96.54, 100.46)$.

(2) $H_0 : \mu = \mu_0 = 100$, $H_1 : \mu \neq \mu_0$,

方法 1: 计算枢变量的值 $u_0 = \dfrac{\sqrt{n}(\overline{x} - \mu_0)}{\sigma} = -1.5$,

取 $\alpha = 0.05$, 拒绝域 $W = \{ |u_0| > Z_{0.025} = 1.96 \}$,

不在拒绝域中, 故接受原假设, 可以认为该包装机包装的一箱产品的质量的期望为 $100 \, \text{kg}$.

方法 2: 取 $\alpha = 0.05$, $96.54 < 100 < 100.46$, 即 μ_0 在置信区间中, 故接受原假设, 可以认为该包装机包装的一箱产品的质量的期望为 $100 \, \text{kg}$.

浙江工业大学概率论与数理统计期末试卷4解析

一、选择题

1. **知识点** 随机事件的表示, 加法公式和减法公式.

   思路分析

   设 A, B 为随机事件.

   (1) $P(A \cup B) = P(A) + P(B) - P(AB)$.

   (2) 若 $B \subset A$, 则 $P(A \setminus B) = P(A) - P(B)$.

   解答

   随机事件 "事件 A, B 中恰有一个发生" 可表示为 $(A \cup B) \setminus AB$, 因此由减法公式和加法公式,

   $$P((A \cup B) \setminus AB) = P(A \cup B) - P(AB) = P(A) + P(B) - 2P(AB).$$

   答案是 C.

   备注

   本题容易犯的错误是把随机事件 "事件 A, B 中恰有一个发生" 当成 $A \cup B$.

2. **知识点** 条件概率公式, 全概率公式.

   思路分析

   (1) 设 A, B 为随机事件, 则 $P(AB) = P(A)P(B|A)$. 若 $P(A) \neq 0$, 则 $P(B|A) = \dfrac{P(AB)}{P(A)}$.

   (2) 设 $\{A_i, i = 1, 2, 3, \cdots, n\}$ 是一个划分, 即所有的 A_i 中有且仅有一个发生, B 为随机事件, 则

   $$P(B) = \sum_i P(A_i)P(B|A_i).$$

解答

方法 1: $P(B|A) = \dfrac{P(AB)}{P(A)} = 2P(AB)$, 故只需计算 $P(AB)$. 由全概率公式,

$$P(A) = P(B)P(A|B) + P(\overline{B})P(A|\overline{B}) = \frac{1}{3}P(A|B) + \frac{2}{3}P(A|\overline{B}) = \frac{2}{3}P(A|B),$$

解得,

$$P(A|B) = \frac{3}{2}P(A) = \frac{3}{4}, P(AB) = P(B)P(A|B) = \frac{1}{4}, P(B|A) = 2P(AB)$$
$$= \frac{1}{2}.$$

方法 2: 设 $P(B|A) = p$, 则 $P(AB) = P(A)P(B|A) = \dfrac{1}{2}p$, $P(A\overline{B}) = P(A) - P(AB) = \dfrac{1}{2}(1-p)$, 从而

$$P(A|B) = \frac{P(AB)}{P(B)} = \frac{3}{2}p, P(A|\overline{B}) = \frac{P(A\overline{B})}{P(\overline{B})} = \frac{3}{4}(1-p),$$

故 $\dfrac{3}{2}p = 2 \times \dfrac{3}{4}(1-p)$, 解得 $p = \dfrac{1}{2}$.

答案是 C.

3. **知识点** 古典概型.

思路分析

在古典概型中, $P(A) = \dfrac{|A|}{|\Omega|}$, 其中 $|\cdot|$ 表示有限集合的元素个数, 因此古典概型中概率的计算本质上是计数问题.

(1) 应用古典概型要验证等可能假设.

(2) 古典概型中, 要注意样本是否有序.

(3) 在计数问题中, 采用合适的计数方法可以简化计算.

解答

X 取值 3,4,5, 应用古典概型, 样本空间 Ω 为 6 张卡片的全排列, 则 $|\Omega| = 6!$.

(1) $\{X = 3\}$ 等价于前三个卡片都是不相同的, 故

$$P\{X = 3\} = \frac{6 \times 4 \times 2 \times 3!}{6!} = \frac{2}{5},$$

(2) 方法 1：$\{X = 4\}$ 等价于前 3 张卡片中有 2 张是重复的, 且第 4 张卡片和前 3 张不同, 故

$$P\{X = 4\} = \frac{3 \times 4 \times 3! \times 2 \times 2}{6!} = \frac{2}{5},$$

方法 2：$\{X = 4\}$ 等价于最后 2 张卡片不同, 且第 4 张卡片和最后 2 张卡片中的一张相同, 故

$$P\{X = 4\} = \frac{6 \times 4 \times 2 \times 3!}{6!} = \frac{2}{5},$$

(3) $\{X = 5\}$ 等价于最后 2 张卡片相同, 故

$$P\{X = 5\} = \frac{6 \times 1 \times 4!}{6!} = \frac{1}{5}.$$

从而 $E(X) = 3 \times \dfrac{2}{5} + 4 \times \dfrac{2}{5} + 5 \times \dfrac{1}{5} = \dfrac{19}{5}.$

答案是 C.

4. **知识点**　密度函数的规范性, 期望的定义, 正态分布.

思路分析

(1) 设 $f(x)$ 是连续型随机变量的密度函数, 则 $f(x) \geqslant 0$, 且 $\displaystyle\int_{-\infty}^{+\infty} f(x)\,\mathrm{d}x = 1$, 期望 $E(X) = \displaystyle\int_{-\infty}^{+\infty} xf(x)\,\mathrm{d}x$.

(2) 设 $X \sim N(\mu, \sigma^2)$, 则 X 的密度函数为 $\dfrac{1}{\sqrt{2\pi}\sigma}\mathrm{e}^{-\frac{(x-\mu)^2}{2\sigma^2}}$, 期望 $E(X) = \mu$.

解答

利用正态分布密度函数的规范性,

$$1 = \int_{-\infty}^{\infty} f(x)\,\mathrm{d}x = \sigma \int_{-\infty}^{+\infty} \frac{1}{\sqrt{2\pi}\sigma}\mathrm{e}^{-\frac{x^2}{2\sigma^2}}\,\mathrm{d}x + v\sigma \int_{-\infty}^{+\infty} \frac{1}{\sqrt{2\pi}\sigma}\mathrm{e}^{-\frac{(x-1)^2}{2\sigma^2}}\,\mathrm{d}x = 2\sigma,$$

得 $\sigma = \dfrac{1}{2}$, $\sigma^2 = \dfrac{1}{4}$. 根据期望定义和正态分布的期望,

$$E(X) = \int_{-\infty}^{+\infty} xf(x)\,\mathrm{d}x = \sigma \int_{-\infty}^{+\infty} x\,\frac{1}{\sqrt{2\pi}\sigma}\mathrm{e}^{-\frac{x^2}{2\sigma^2}}\,\mathrm{d}x +$$

$$\sigma \int_{-\infty}^{+\infty} x\,\frac{1}{\sqrt{2\pi}\sigma}\mathrm{e}^{-\frac{(x-1)^2}{2\sigma^2}}\,\mathrm{d}x = \sigma(0 + 1) = \sigma,$$

因此 $E(X) = \sigma = \dfrac{1}{2}$.

答案是 A.

5. **知识点** 统计学分布.

思路分析

(1) 设 $X_1, X_2, \cdots, X_n$ 独立, 均服从标准正态分布, 则 $X_1^2 + X_2^2 + \cdots + X_n^2 \sim \chi^2(n)$, 即服从自由度为 n 的 χ^2 分布.

(2) 设 $X \sim \chi^2(n_1), Y \sim \chi^2(n_2)$ 相互独立, 则 $X + Y \sim \chi^2(n_1 + n_2)$.

(3) 设 $X \sim N(0,1), Y \sim \chi^2(n)$ 相互独立, 则 $\dfrac{X}{\sqrt{Y/n}} \sim t(n)$, 即服从自由度为 n 的 t 分布.

解答

X_1, X_2, X_3, X_4, X_5 相互独立, 均服从 $N(0, \sigma^2)$, 故 $\pm \dfrac{X_1}{\sigma} \sim N(0,1)$, $\pm \dfrac{X_2 + X_3}{\sqrt{2}\sigma} \sim N(0,1), \pm \dfrac{X_4 - X_5}{\sqrt{2}\sigma} \sim N(0,1)$, 故

$$\left(\dfrac{X_1}{\sigma}\right)^2 = \dfrac{X_1^2}{\sigma^2} \sim \chi^2(1), \quad \dfrac{(X_2 + X_3)^2}{2\sigma^2} \sim \chi^2(1),$$

所以 $\dfrac{X_1^2}{\sigma^2} + \dfrac{(X_2 + X_3)^2}{2\sigma^2} \sim \chi^2(2)$. 因此

$$\dfrac{\pm \dfrac{X_4 - X_5}{\sqrt{2}\sigma}}{\sqrt{\left(\dfrac{X_1^2}{\sigma^2} + \dfrac{(X_2 + X_3)^2}{2\sigma^2}\right)\Big/2}} = \pm \dfrac{\sqrt{2}(X_4 - X_5)}{2X_1^2 + (X_2 + X_3)^2} \sim t(2).$$

与题中表达式比较, 以及条件 $B > 0$, 可得 $A = 2, B = \sqrt{2}$.

答案是 B.

备注

本题中若无非负性条件, $B = -\sqrt{2}$ 也是成立的.

6. **知识点** 无偏-有效性准则、期望方差的性质.

思路分析

(1) 若 $E(\hat{\theta}) = \theta$, 称 $\hat{\theta}(X_1, X_2, \cdots, X_n)$ 是 θ 的无偏估计.

(2) 设 $\hat{\theta}_1, \hat{\theta}_2$ 都是 θ 的无偏估计, 若 $D(\hat{\theta}_1) < D(\hat{\theta}_2)$, 则称 $\hat{\theta}_1$ 是比 $\hat{\theta}_2$ 更有效.

(3) 设 c 为常数, X 为随机变量, 则 $E(cX) = cE(X)$, $D(cX) = c^2 D(X)$.

(4) 设随机变量 $X_1, X_2, \cdots, X_n$ 相互独立, 则

$$E(X_1 + X_2 + \cdots + X_n) = E(X_1) + E(X_2) + \cdots + E(X_n),$$

$$D(X_1 + X_2 + \cdots + X_n) = D(X_1) + D(X_2) + \cdots + D(X_n).$$

解答

由题目条件, 设 $\hat{\mu} = a_1 X_1 + a_2 X_2 + a_3 X_3$, 则

$$E(\hat{\mu}) = E(a_1 X_1 + a_2 X_2 + a_3 X_3) = a_1 E(X_1) + a_2 E(X_2) + a_3 E(X_3)$$

$$= (a_1 + a_2 + a_3)\mu,$$

则 $\hat{\mu}$ 是 μ 的无偏估计当且仅当 $a_1 + a_2 + a_3 = 1$. 故选项 A,B 不成立.

$$D(\hat{\mu}) = D(a_1 X_1 + a_2 X_2 + a_3 X_3) = a_1^2 D(X_1) + a_2^2 D(X_2) + a_3^2 D(X_3)$$

$$= a_1^2 + 2a_2^2 + 3a_3^2,$$

故

$$D\left(\frac{1}{3}X_1 + \frac{1}{3}X_2 + \frac{1}{3}X_3\right) = \frac{1}{9} + \frac{2}{9} + \frac{3}{9} = \frac{2}{3},$$

$$D\left(\frac{1}{2}X_1 + \frac{1}{3}X_2 + \frac{1}{6}X_3\right) = \frac{1}{4} + \frac{2}{9} + \frac{3}{36} = \frac{5}{9}.$$

$\frac{1}{2}X_1 + \frac{1}{3}X_2 + \frac{1}{6}X_3$ 比 $\frac{1}{3}X_1 + \frac{1}{3}X_2 + \frac{1}{3}X_3$ 更有效.

答案是 D.

7. **知识点**　正态总体参数区间估计.

思路分析

正态总体参数的区间估计首先分为三种类型：(1)　已知方差、估计均值;
(2) 未知方差, 估计均值; (3) 估计方差. 其次要区分单侧估计和双侧估计.

解答

方差 σ^2 的置信水平为 $1 - \alpha$ 的单侧置信下限为 $\dfrac{(n-1)S^2}{\chi_\alpha^2(n-1)}$.

答案是 B.

8. **知识点** 显著性检验.

思路分析

本题考察显著性检验. 显著性检验的基本思想是: 必须有充分的证据才能推翻原假设, 即在原假设成立的情况下, 拒绝原假设的概率不大于给定的显著性水平, 即

$$P\{(X_1, X_2, \cdots, X_n) \in W | H_0\} \leqslant \alpha.$$

解答

根据显著性检验的要求, 当原假设成立, 即 $\theta = 1$ 时, 拒绝原假设的概率

$$P\{|X_1| > c\} = 1 - c \leqslant \alpha = 0.1,$$

取 $c = 0.9$.

答案是 C.

二、填空题

1. **知识点** 泊松分布.

思路分析

随机变量 X 服从泊松分布 $P(\lambda)$, 则 $P\{X = k\} = \mathrm{e}^{-\lambda} \frac{\lambda^k}{k!}, k = 1, 2, \cdots$.

解答

记 X 为该地区一年内发生的火灾事故次数, 则 $X \sim P(2)$, 故

$$P\{X \leqslant 2\} = P\{X = 0\} + P\{X = 1\} + P\{X = 2\}$$

$$= \mathrm{e}^{-2}\left(1 + 2 + \frac{2^2}{2!}\right) = 5\mathrm{e}^{-2}.$$

答案是 $5\mathrm{e}^{-2}$.

2. **知识点** 分布函数.

思路分析

设 F 是随机变量 X 的分布函数, 则 F 满足单调性、规范性和右连续性.

(1) 若 $x < y$, 则 $F(x) \leqslant F(y)$.

(2) $F(+\infty) = \lim\limits_{x \to +\infty} F(x) = 1$, $F(-\infty) = \lim\limits_{x \to -\infty} F(x) = 0$. (3) $F(x^+) =$

$$\lim_{y \to x^+} F(y) = F(x).$$

若随机变量 X 是连续型的, 则分布函数 $F(x)$ 是连续的.

解答

X 是连续型的, 故分布函数 $F(x)$ 连续.

$$1 = F\left(\frac{\pi^+}{2}\right) = F\left(\frac{\pi}{2}\right) = A,$$

$$0 = F(0^-) = F(0) = A + B$$

解得 $A = 1, B = -1$.

答案是 $1, -1$.

3. **知识点**　均匀分布的数字特征、期望方差的性质.

思路分析

(1) 设 $X \sim U(a, b)$, 则 $E(X) = \dfrac{a+b}{2}, D(X) = \dfrac{(b-a)^2}{12}$.

(2) 设 X 的期望方差存在, 则 $E(aX+b) = aE(X)+b, D(aX+b) = a^2D(X)$.

解答

由期望、方差的性质,

$$E(Y) = E(aX + b) = aE(X) + b = \frac{a}{2} + b = a,$$

$$D(Y) = D(aX + b) = a^2 D(X) = \frac{a^2}{12} = b,$$

解得 $a = 6, b = 3$.

答案是 $6, 3$.

4. **知识点**　期望方差的性质.

思路分析

设 X, Y 的期望、方差存在, 则

(1) $E(aX + bY + c) = aE(X) + bE(Y) + c$.

(2) 若 X, Y 独立, 则 $D(aX + bY + c) = a^2D(X) + b^2D(Y)$.

解答

由期望、方差的性质, X, Y 独立,

$$E(Z) = E(2X + Y - 1) = 2E(X) + E(Y) - 1 = 3,$$

$$D(Z) = D(2X + Y - 1) = 4D(X) + D(Y) = 13.$$

答案是 $3, 13$.

5. **知识点** 切比雪夫不等式.

   思路分析

   设 X 的期望方差存在, 则对任意 $\varepsilon > 0$,

   $$P\{|X - E(X)| \geqslant \varepsilon\} \leqslant \frac{D(X)}{\varepsilon^2},$$

   或等价地, $P\{|X - E(X)| < \varepsilon\} \geqslant 1 - \dfrac{D(X)}{\varepsilon^2}.$

   解答

   $E(X) = 3, D(X) = E(X^2) - [E(X)]^2 = 3$, 由切比雪夫不等式,

   $$P\{0 < X < 6\} \geqslant 1 - \frac{D(X)}{3^2} = \frac{2}{3}.$$

   答案是 $\dfrac{2}{3}$.

三、解答题

1. **知识点** 加法原理, 乘法原理, 全概率公式.

   思路分析

   (1) 若 $A_1, A_2, \cdots, A_n$ 两两互斥, 则

   $$P(A_1 \cup A_2 \cup \cdots \cup A_n) = P(A_1) + P(A_2) + \cdots + P(A_n).$$

   (2) 若 $P(A) > 0$, 则 $P(B|A) = \dfrac{P(AB)}{P(A)}.$

   (3) 设 $\{A_1, A_2, \cdots, A_n\}$ 是一个划分, B 为随机事件, 则

   $$P(B) = P(A_1)P(B|A_1) + P(A_2)P(B|A_2) + \cdots + P(A_n)P(B|A_n).$$

   解答

   (1) 用 A 表示 "甲首先上场", A_1, A_2 分别表示 "甲通过第一、第二个关卡", B_1, B_2 分别表示 "乙通过第一、二个关卡", B 表示 "两个关卡全部通关", 则

   $$P(B|A) = P(A_1 A_2) + P(A_1 \overline{A}_2 B_2) + P(\overline{A}_1 B_1 B_2)$$

$$= 0.6 \times 0.5 + 0.6 \times 0.5 \times 0.4 + 0.4 \times 0.5 \times 0.4 = 0.5,$$

$$P(B|\overline{A}) = P(B_1 B_2) + P(B_1 \overline{B_2} A_2) + P(\overline{B_1} A_1 A_2)$$

$$= 0.5 \times 0.4 + 0.5 \times 0.6 \times 0.5 + 0.5 \times 0.6 \times 0.5 = 0.5,$$

$$P(B) = P(A)P(B|A) + P(\overline{A})P(B|\overline{A}) = 0.25 + 0.25 = 0.5.$$

全部通关的概率为 0.5.

(2)

$$P(A|B) = \frac{P(A)P(B|A)}{P(B)} = \frac{0.25}{0.5} = 0.5.$$

若两个关卡全部通关, 甲先上场的概率为 0.5.

2. **知识点**　密度函数, 随机变量函数的期望.

　思路分析

　设连续型随机变量 X 的密度函数为 $f(x)$, 则

　(1) 规范性：$\displaystyle\int_{-\infty}^{+\infty} f(x)\,\mathrm{d}x = 1.$

　(2) $E[g(X)] = \displaystyle\int_{-\infty}^{+\infty} g(x)f(x)\,\mathrm{d}x.$

　解答

　(1) 由题目条件和规范性,

$$1 = \int_{-1}^{2} (ax^2 + b)\mathrm{d}x = 3(a + b),$$

$$1 = E(X) = \int_{-1}^{2} x(ax^2 + b)\,\mathrm{d}x = \frac{15}{4}a + \frac{3}{2}b,$$

解得 $a = \dfrac{2}{9}, b = \dfrac{1}{9}.$

(2)

$$E(X^3) = \int_{-1}^{2} x^3(ax^2 + b)\,\mathrm{d}x = \frac{21}{2}a + \frac{15}{4}b = \frac{11}{4}.$$

3. **知识点**　二维离散型随机变量、独立与不相关.

　思路分析

　设二维离散型随机变量 (X, Y) 的联合概率函数为 $p_{i,j} = P\{X = x_i, Y = y_j\}$,

则

(1) $p_{i,j} \geqslant 0$ 且 $\sum\limits_{i,j} p_{i,j} = 1$.

(2) X, Y 独立当且仅当 $p_{i,j} = p_i. p_{.j}$.

(3) X, Y 不相关当且仅当 $\mathrm{Cov}(X,Y) = E(XY) - E(X) \cdot E(Y) = 0$.

解答

(1) 由规范性, $a + b + c = 1 - \dfrac{1}{3} - \dfrac{1}{6} - \dfrac{1}{4} = \dfrac{1}{4}$. 又由独立性,

$$a : b : c = \frac{1}{3} : \frac{1}{6} : \frac{1}{4} = 4 : 2 : 3,$$

解得 $a = \dfrac{1}{9}, b = \dfrac{1}{18}, c = \dfrac{1}{12}$.

(2) 根据规范性, $a + b + c = \dfrac{1}{4}$. 又由题目条件,

$$P\{X + Y \geqslant 3\} = b + c = \frac{1}{6},$$

$$E(X) = a + 2b + 3c + \frac{17}{12},$$

$$E(Y) = -\frac{1}{2},$$

$$E(XY) = a + 2b + 3c - \frac{17}{12},$$

$$\mathrm{Cov}(X,Y) = E(XY) - E(X) \cdot E(Y) = \frac{3}{2}(a + 2b + 3c) - \frac{17}{24} = 0,$$

解得 $a = \dfrac{1}{12}, b = \dfrac{1}{9}, c = \dfrac{1}{18}$.

4. **知识点**　二维连续型变量.

思路分析

设二维连续型随机变量 (X, Y) 的联合密度函数为 $f(x, y)$.

(1) 规范性: $\displaystyle\int_{-\infty}^{+\infty} \int_{-\infty}^{+\infty} f(x, y) \, \mathrm{d}x\mathrm{d}y = 1$.

(2) 在一个区域内的概率: $P\{(X, Y) \in A\} = \displaystyle\iint\limits_{A} f(x, y) \, \mathrm{d}x\mathrm{d}y$.

(3) 边缘密度: $f_X(x) = \displaystyle\int_{-\infty}^{+\infty} f(x, y) \, \mathrm{d}y, f_Y(y) = \int_{-\infty}^{+\infty} f(x, y) \, \mathrm{d}x$.

(4) 条件密度: $f_{Y|X}(y|x) = \dfrac{f(x,y)}{f_X(x)}, f_{X|Y}(x|y) = \dfrac{f(x,y)}{f_Y(y)}$.

(5) 和的密度: $Z = X + Y$ 的密度函数为 $f_Z(z) = \displaystyle\int_{-\infty}^{+\infty} f(x, z-x)\,\mathrm{d}x = \displaystyle\int_{-\infty}^{+\infty} f(z-y, y)\,\mathrm{d}y$.

解答

(1) 由规范性, 得

$$
\begin{aligned}
1 &= \int_0^{+\infty} \int_x^{+\infty} c(x+y)\mathrm{e}^{-y}\,\mathrm{d}y\mathrm{d}x \\
&= c \int_0^{+\infty} \left. -(x+y+1)\mathrm{e}^{-y}\right|_x^{+\infty}\,\mathrm{d}x \\
&= c \int_0^{+\infty} (2x+1)\mathrm{e}^{-x}\mathrm{d}x = 3c,
\end{aligned}
$$

可得 $c = \dfrac{1}{3}$.

(2)

$$
\begin{aligned}
P\{Y > 2X\} &= \int_0^{+\infty} \int_{2x}^{+\infty} c(x+y)\mathrm{e}^{-y}\,\mathrm{d}y\mathrm{d}x \\
&= c \int_0^{+\infty} \left. -(x+y+1)\mathrm{e}^{-y}\right|_{2x}^{+\infty}\,\mathrm{d}x \\
&= c \int_0^{+\infty} (3x+1)\mathrm{e}^{-2x}\,\mathrm{d}x = \frac{5}{4}c = \frac{5}{12}.
\end{aligned}
$$

(3) Z 的取值范围是 $(0, \infty)$, 故对 $z \leqslant 0$, $f_Z(z) = 0$; 对 $z > 0$,

$$
\begin{aligned}
f_Z(z) &= \int_{-\infty}^{+\infty} f(x, z-x)\,\mathrm{d}x \\
&= c \int_0^{\frac{z}{2}} \mathrm{e}^{-z+x}\,\mathrm{d}x = cz\mathrm{e}^{-z}(\mathrm{e}^{\frac{z}{2}} - 1) \\
&= \frac{z}{3}(\mathrm{e}^{-\frac{z}{2}} - \mathrm{e}^{-z}).
\end{aligned}
$$

(4) 对 $y \leqslant 0$, $f_Y(y) = 0$, 条件密度 $f_{X|Y}(x|y)$ 无意义; 对 $y > 0$,

$$
f_Y(y) = \int_{-\infty}^{+\infty} f(x, y)\,\mathrm{d}x = \int_0^y (x+y)\mathrm{e}^{-y}\,\mathrm{d}x = \frac{3}{2}y^2\mathrm{e}^{-y},
$$

$$f_{X|Y}(x|y) = \frac{f(x,y)}{f_Y(y)} = \begin{cases} \dfrac{2(x+y)}{3y^2}, & 0 < x < y, \\ 0, & \text{其他}. \end{cases}$$

故

$$f_{X|Y}(x|1) = \begin{cases} \dfrac{2}{3}(x+1), & 0 < x < 1, \\ 0, & \text{其他}. \end{cases}$$

从而

$$P\left\{X > \frac{1}{2}\Big|Y = 1\right\} = \int_{\frac{1}{2}}^{1} f_{X|Y}(x|1)\,\mathrm{d}x = \int_{\frac{1}{2}}^{1} \frac{2}{3}(x+1)\,\mathrm{d}x = \frac{7}{12}.$$

5. **知识点** 矩估计, 极大似然估计.

思路分析

矩估计的基本思路: 将被估参数表示为矩的函数 $\theta = h(\mu_1, \cdots, \mu_k)$, 则用相应的样本矩的函数作为该参数的估计, 即 $\hat{\theta} = h(A_1, \cdots, A_k)$. 原则上, 应该尽量使用较低阶的矩.

极大似然估计的基本思路和步骤: 似然函数 $L(\theta)$ 表示参数为 θ 时试验结果发生的可能性, 即

$$L(\theta) = \begin{cases} \displaystyle\prod_{i=1}^{n} P(X - x_i; \theta), & \text{离散型} \\ \displaystyle\prod_{i=1}^{n} f(x_i; \theta), & \text{连续型}. \end{cases}$$

似然函数的最大值点, 即使得试验结果最可能发生的参数值就是该参数的极大似然估计 $\tilde{\theta}$, 即 $L(\tilde{\theta}) = \max\limits_{\theta \in \Theta} L(\theta)$, 其中 Θ 是参数 θ 的取值范围.

解答

(1) 矩估计: $E(X) = \theta + 2(\theta - \theta^2) + 3(1-\theta)^2 = \theta^2 - 3\theta + 3$, 解得

$$\theta = \frac{3 \pm \sqrt{4E(X) - 3}}{2},$$

由 $0 < \theta < 1$, $\theta = \dfrac{3 - \sqrt{4E(X) - 3}}{2}$.

故矩估计 $\hat{\theta} = \dfrac{3 - \sqrt{4\overline{X} - 3}}{2}$, 代入 $\overline{x} = \dfrac{1}{5}(1+1+3+2+3) = 2$, 得矩估计值

$$\hat{\theta} = \frac{3 - \sqrt{5}}{2}.$$

(2) 极大似然估计：似然函数

$$L(\theta|1,1,3,2,3) = \theta \cdot \theta \cdot (1-\theta)^2 \left(\theta - \theta^2\right) (1-\theta)^2 = \theta^3 (1-\theta)^5,$$

令

$$\frac{\mathrm{d}}{\mathrm{d}\theta} L = \theta^3 (1-\theta)^5 \left(\frac{3}{\theta} - \frac{5}{1-\theta}\right) = 0,$$

解得极大似然估计值 $\tilde{\theta} = \dfrac{3}{8}.$

6. **知识点**　假设检验.

   思路分析

   设总体 $X \sim N(\mu.\sigma^2)$, 其中 σ^2 未知. 对假设检验问题 $H_0 : \mu = \mu_0$, $H_1 :$ $\mu \neq \mu_0$, 选用枢变量 $t = \dfrac{\sqrt{n}(\overline{X} - \mu)}{S} \sim t(n-1)$, 取显著水平为 α 时, 拒绝域 $W = \left\{ |t_0| = \left| \dfrac{\sqrt{n}(\overline{x} - \mu_0)}{s} \right| > t_{\alpha/2}(n-1) \right\}.$

   解答

   检验问题 $H_0 : \mu = 20$, $H_1 :$ $\mu \neq 20$,

   检验统计量 $t = \dfrac{\sqrt{n}(\overline{X} - \mu)}{S} \sim t(n-1),$

   拒绝域 $W = \left\{ |t_0| = \left| \dfrac{\sqrt{n}(\overline{x} - \mu_0)}{s} \right| > t_{\alpha/2}(n-1) = t_{0.025}(8) = 2.306 \right\},$

   计算得 $t_0 = \dfrac{3 \times (21.5 - 20)}{2} = 2.25 < 2.306$, 不在拒绝域内, 所以接受原假设. 可以认为该种饮料的维 C 含量的均值为 20 mg/L.

一、填空题

1. **知识点** 随机事件的加法公式及条件概率的定义.

   思路分析

   通过条件 $P(A \cup B) = 3P(AB)$, 利用加法公式可算出 $P(AB)$, 再根据条件概率的定义计算.

   解答

   因为 $P(A \cup B) = 3P(AB)$,

   即 $P(A) + P(B) - P(AB) = 3P(AB)$,

   所以 $P(AB) = \dfrac{1}{4}(P(A) + P(B)) = \dfrac{1}{4} \times (0.5 + 0.7) = 0.3$,

   从而 $P(B|A) = \dfrac{P(AB)}{P(A)} = \dfrac{0.3}{0.5} = 0.6$.

   答案是 0.6.

2. **知识点** 全概率公式和贝叶斯公式.

   思路分析

   这是一道分类计算概率和后验概率计算的问题.

   设 $B_1, B_2, \cdots, B_n$ 为 Ω 的一个完备事件组, 则对任意事件 A, 有

   (1) 全概率公式: $P(A) = \sum\limits_{i=1}^{n} P(B_i)P(A|B_i)$;

   (2) 贝叶斯公式: $P(B_j|A) = \dfrac{P(B_j)P(A|B_j)}{\sum\limits_{i=1}^{n} P(B_i)P(A|B_i)}, j = 1, \cdots, n,$

   解答

   设 A 表示商店在促销活动中销售额大于 1000 万元, B_1, B_2, B_3 分别表示采用甲, 乙, 丙方案, 则 B_1, B_2, B_3 构成一个互不相交完备事件组.

根据题意, 知

$$P(B_1) = 0.5, P(B_2) = 0.3, P(B_3) = 0.2,$$

$$P(A|B_1) = 0.3, P(A|B_2) = 0.5, P(A|B_3) = 0.4,$$

故利用全概率公式和贝叶斯公式, 有

$$P(A) = \sum_{i=1}^{3} P(B_i)P(A|B_i) = 0.5 \times 0.3 + 0.3 \times 0.5 + 0.2 \times 0.4 = 0.38,$$

$$P(B_1|A) = \frac{P(B_1)P(A|B_1)}{P(A)} = \frac{0.5 \times 0.3}{0.38} = \frac{15}{38}.$$

答案是 $0.38, \dfrac{15}{38}$.

3. **知识点**   泊松分布的分布律、数字特征, 条件概率的定义.

思路分析

由条件概率的定义和泊松分布的分布律, 即若 $X \sim P(\lambda)$, 则 $P\{X = k\} = \dfrac{\lambda^k \mathrm{e}^{-\lambda}}{k!}, k = 0, 1, 2, \cdots,$ 求出参数 λ, 再利用方差的公式, 求出 $E[(X-2)^2]$.

解答

由题意, 得

$$P\{X \leqslant 1 | X \leqslant 2\} = \frac{P\{X \leqslant 1\}}{P\{X \leqslant 2\}} = \frac{P\{X = 0\} + P\{X = 1\}}{P\{X = 0\} + P\{X = 1\} + P\{X = 2\}}$$

$$= \frac{\mathrm{e}^{-\lambda} + \lambda \mathrm{e}^{-\lambda}}{\mathrm{e}^{-\lambda} + \lambda \mathrm{e}^{-\lambda} + \dfrac{\lambda^2}{2}\mathrm{e}^{-\lambda}} = \frac{1 + \lambda}{1 + \lambda + \dfrac{\lambda^2}{2}} = \frac{1}{\lambda},$$

从而 $\lambda = \sqrt{2}$;

进一步, 有 $E(X) = D(X) = \sqrt{2}$, 所以

$$E[(X-2)^2] = D[(X-2)] + [E(X-2)]^2 = D(X) + (E(X) - 2)^2$$

$$= \sqrt{2} + (\sqrt{2} - 2)^2 = 6 - 3\sqrt{2}.$$

答案是 $\sqrt{2}, \ 6 - 3\sqrt{2}$.

4. **知识点**   条件分布的定义, 均匀分布的性质与方差.

思路分析

根据条件概率的定义, 利用均匀分布的性质: $X \sim U(a,b)$, 若 $(c,d) \subseteq (a,b)$, 则 $P\{c < X < d\} = \dfrac{d-c}{b-a}$ 得到 a,b 的关系, 代入方差的表达式 $D(X) = \dfrac{(a-b)^2}{12}$ 可得.

解答

由已知条件, 得

$$P\{X > a+1 | X < b-1\} = \frac{P\{a+1 < X < b-1\}}{P\{X < b-1\}}$$

$$= \frac{b-1-a-1}{b-1-a} = \frac{1}{2},$$

故 $b = a+3$, 从而 $D(X) = \dfrac{(b-a)^2}{12} = \dfrac{3}{4}$.

答案是 $\dfrac{3}{4}$.

5. **知识点**   期望的性质.

思路分析

利用期望的性质: $E(X+Y) = E(X) + E(Y)$, 特别, $E(aX+b) = aE(X) + b$ 进行处理.

解答

由 $E(X^2) = E[(X-2)^2]$, 可得

$E(X^2) = E(X^2 - 4X + 4) = E(X^2) - 4E(X) + 4$,

故 $E(X) = 1$.

答案是 1.

6. **知识点**   二维正态分布的性质、期望、协方差、相关系数的计算公式及性质.

思路分析

本题利用期望和协方差的性质进行处理, 计算过程中用到的性质如下:

(1) 若 $(X,Y) \sim N(\mu_1, \mu_2, \sigma_1^2, \sigma_2^2, \rho)$, 则 $X \sim N(\mu_1, \sigma_1^2)$, $Y \sim N(\mu_2, \sigma_2^2)$;

(2) $\mathrm{Cov}(X, Y) = \sqrt{D(X)} \cdot \sqrt{D(Y)} \cdot \rho(X, Y)$;

(3) $\mathrm{Cov}(X, a) = 0$, 其中 a 为常数;

(4) $\mathrm{Cov}(X, X) = D(X)$;

(5) $\mathrm{Cov}(aX + bY, Z) = a\mathrm{Cov}(X, Z) + b\mathrm{Cov}(Y, Z)$.

解答

由条件 $(X, Y) \sim N\left(1, 2, 2^2, 3^2, \dfrac{1}{3}\right)$, 得 $X \sim N(1, 2^2)$, $Y \sim N(2, 3^2)$,

则有 $E(X) = 1, E(Y) = 2, D(X) = 2^2, D(Y) = 3^2, \rho(X, Y) = \dfrac{1}{3}$,

所以 $E(Z) = 2E(X) - E(Y) + 1 = 2 \times 1 - 2 + 1 = 1$;

$\mathrm{Cov}(X, Z) = \mathrm{Cov}(X, 2X - Y + 1) = 2\mathrm{Cov}(X, X) - \mathrm{Cov}(X, Y) + \mathrm{Cov}(X, 1)$

$$= 2D(X) - \sqrt{D(X)} \cdot \sqrt{D(Y)} \cdot \rho_{XY} + 0 = 2 \times 2^2 - 2 \times 3 \times \frac{1}{3} = 6.$$

答案是 1, 6.

7. **知识点**　样本均值、样本方差的定义.

思路分析

样本均值和方差的定义如下:

(1) $\overline{x} = \dfrac{1}{n} \sum\limits_{i=1}^{n} x_i$;

(2) $s^2 = \dfrac{1}{n-1} \sum\limits_{i=1}^{n} (x_i - \overline{x})^2$.

解答

$\overline{x} = \dfrac{1}{5} \times (19 + 21 + 22 + 17 + 21) = 20$,

$s^2 = \dfrac{1}{4} \times [(19-20)^2 + (21-20)^2 + (22-20)^2 + (17-20)^2 + (21-20)^2] = 4$.

答案是 20, 4.

8. **知识点**　t 分布的定义、正态分布的性质.

思路分析

本题利用正态分布的性质, 结合 t 分布的定义, 即可算出自由度和常数 C.

解答

由正态分布的性质, 得

$2X_1 - X_2 \sim N(0, 20)$, $\dfrac{X_3}{2}, \dfrac{X_4}{2} \sim N(0,1)$, 则 $\pm \dfrac{2X_1 - X_2}{\sqrt{20}} \sim N(0,1)$, $\left(\dfrac{X_3}{2}\right)^2$

$+ \left(\dfrac{X_4}{2}\right)^2 \sim X^2(2)$, 且相互独立.

根据 t 分布的定义, 有

$$\pm \frac{(2X_1 - X_2)/\sqrt{20}}{\sqrt{\left[\left(\dfrac{X_3}{2}\right)^2 + \left(\dfrac{X_4}{2}\right)^2\right] \Big/ 2}} = \pm \frac{\sqrt{10}}{5} \frac{2X_1 - X_2}{X_3^2 + X_4^2} \sim t(2),$$

从而自由度为 2, $C = \dfrac{\sqrt{10}}{5}(C > 0)$.

答案是 $2, \dfrac{\sqrt{10}}{5}$.

备注

方差的性质与期望的性质不同: $E(2X_1 - X_2) = 2E(X_1) - E(X_2)$, 但 $D(2X_1 - X_2) \neq 2D(X_1) - D(X_2)$, 而 $D(2X_1 - X_2) = 4D(X_1) + D(X_2) - 4\mathrm{Cov}(X_1, X_2)$.

9. **知识点**　无偏估计的定义, 样本方差的定义, 均匀分布与 χ^2 分布的性质.

思路分析

根据无偏估计的定义, 有 $E(C[(X_1 - \bar{X})^2 + (X_2 - \bar{X})^2 + (X_3 - \bar{X})^2]) = \theta^2$, 从而可以确定常数 C. 计算过程中, 用到的性质如下:

(1) 总体 $X \sim U(a, b)$, 则总体方差 $\sigma^2 = \dfrac{(a - b)^2}{12}$;

(2) 样本方差 S^2 是总体方差 σ^2 的无偏估计量, 即 $E(S^2) = \sigma^2$;

解答

因为 $X \sim U(0, \theta)$, 所以总体方差 $\sigma^2 = \dfrac{\theta^2}{12}$.

由 $(X_1 - \bar{X})^2 + (X_2 - \bar{X})^2 + (X_3 - \bar{X})^2 = 2S^2$ 和无偏估计定义, 可得

$$E(2CS^2) = \theta^2,$$

而 $E(S^2) = \sigma^2 = \dfrac{\theta^2}{12}$,

则 $2CE(S^2) = \dfrac{C\theta^2}{6} = \theta^2$,

故 $C = 6$.

答案是 6.

二、选择题

1. **知识点**　概率的性质, 条件概率的定义.

   思路分析

   将已知的不等式恒等变形后, 利用概率的性质

   (1) $1 - P(\overline{B}|\overline{A}) = P(B|\overline{A})$;

   (2) $P(B) = P(AB) + P(\overline{A}B)$

   和条件概率的定义进行处理即可.

   解答

   因为 $P(B|A) \geqslant 1 - P(\overline{B}|\overline{A})$, 所以 $P(B|A) \geqslant P(B|\overline{A})$, 则有

   $$\frac{P(AB)}{P(A)} \geqslant \frac{P(\overline{A}B)}{P(\overline{A})} = \frac{P(B) - P(AB)}{1 - P(A)},$$

   从而 $P(AB) \geqslant P(A)P(B)$,

   又因为 $P(AB) = P(B|A)P(A)$,

   所以 $P(B|A) \geqslant P(B)$.

   故选 A.

2. **知识点**　大数定律, 连续型随机变量的期望的定义及其性质.

   思路分析

   本题的思路非常清晰, 利用辛钦大数定律:

   (1) 设 $X_1, X_2, \cdots, X_n, \cdots$ 是独立同分布的随机变量序列, $E(X_1) = \mu$ 存在, 则

   $$\frac{1}{n}\sum_{i=1}^{n} X_i \xrightarrow{P} E(X_i) = \mu.$$

计算期望时, 需要用到期望的性质.

(2) 若 X, Y 相互独立, 则 $E(XY) = E(X) \cdot E(Y)$.

解答

由期望的计算公式, 可得

$$E(X_2) = \int_0^1 x \cdot 2x \mathrm{d}x = \frac{2}{3}, E\left(\frac{1}{X_1}\right) = \int_0^1 \frac{1}{x} \cdot 2x \mathrm{d}x = 2,$$

根据辛钦大数定律, 得

$$\frac{1}{n}\left(\frac{X_2}{X_1} + \frac{X_4}{X_3} + \cdots + \frac{X_{2n}}{X_{2n-1}}\right) \xrightarrow{P} E\left(\frac{X_2}{X_1}\right) = E\left(\frac{1}{X_1}\right) \cdot E(X_2) = \frac{4}{3},$$

从而 $A = \frac{4}{3}$.

故选 C.

3. **知识点** 单侧置信区间.

思路分析

单正态总体下, 对 σ^2 进行区间估计时, 枢变量取 $\chi^2 = \dfrac{(n-1)S^2}{\sigma^2} \sim \chi^2(n-1)$, 单侧置信区间分位点选取 α 的上下分位点.

解答

对 σ^2 进行区间估计时,

取枢变量 $\dfrac{(n-1)S^2}{\sigma^2} \sim \chi^2(n-1)$, 则

$$P\left\{\frac{(n-1)S^2}{\sigma^2} \geqslant \chi^2_{1-\alpha}(n-1)\right\} = 1 - \alpha,$$

即

$$P\left\{\sigma^2 \leqslant \frac{(n-1)S^2}{\chi^2_{1-\alpha}(n-1)}\right\} = 1 - \alpha,$$

所以 σ^2 的单侧置信上限为 $\dfrac{(n-1)S^2}{\chi^2_{1-\alpha}(n-1)}$.

故选 B.

4. **知识点**　假设检验.

思路分析

显著性检验中, 犯第一类错误 (拒真) 的概率不高于显著性水平 α, 即 H_0 为真的情况下, 拒绝 H_0 而犯错误的概率. 本题就是考查拒绝域的变化与显著水平变化之间的关系.

解答

由假设检验的基本思想, 可知显著水平 α 变小时, 拒绝原假设需要的证据越充分, 即拒绝域变小.

所以在 $\alpha = 0.05$ 条件下接受原假设 H_0, 即没有拒绝原假设, 则在 $\alpha = 0.025$ 条件下的拒绝域变小必不能拒绝原假设, 故必接受 H_0.

故选 A.

三、解答题

1. **知识点**　古典概型, 离散型随机变量的数字特征.

思路分析

先求出离散型随机变量 X 的取值: $X = 3, 4, 5$. 利用古典概型, 计算出 $P\{X = 3\}$ 和 $P\{X = 5\}$, 再利用分布列的规范性, 求出 $P\{X = 4\}$. 再根据离散型随机变量数字特征的定义, 分别计算其期望和方差.

解答

X 的所有可能取值为 $3, 4, 5$, 其分布列为

$$P\{X = 3\} = \frac{\mathrm{C}_2^1 \mathrm{C}_2^1 \mathrm{C}_1^1 \mathrm{A}_3^3}{\mathrm{A}_5^3} = \frac{2}{5};$$

$$P\{X = 5\} = \frac{\mathrm{A}_4^4}{\mathrm{A}_5^5} = \frac{1}{5};$$

$$P\{X = 4\} = 1 - \frac{2}{5} - \frac{1}{5} = \frac{2}{5}; \ 或 \ P\{X = 4\} = \frac{2\mathrm{C}_2^1 \mathrm{A}_3^3 + \mathrm{A}_4^3}{\mathrm{A}_5^4} = \frac{2}{5}.$$

根据期望和方差的定义, 得

$$E(X) = 3 \times \frac{2}{5} + 4 \times \frac{2}{5} + 5 \times \frac{2}{5} = \frac{19}{5},$$

$$E(X^2) = 3^2 \times \frac{2}{5} + 4^2 \times \frac{2}{5} + 5^2 \times \frac{2}{5} = 15,$$

$$D(X) = E(X^2) - [E(X)]^2 = 15 - \left(\frac{19}{5}\right)^2 = \frac{14}{25}.$$

2. **知识点** 一维连续型随机变量分布函数的性质, 分布函数与密度函数的关系.

思路分析

(1) 第 1 小题求连续型随机变量分布函数的待定常数, 一般都是根据分布函数的性质, 可以得到关于待定常数的方程组, 求解方程组得到待定常数;

(2) 第 2 小题求随机变量的密度函数, 可以利用分布函数与密度函数的关系: $F'(x) = f(x)$.

解答

(1) 由分布函数的性质知: $F(+\infty) = 1, F(-\infty) = 0$, 从而有

$$\frac{\pi}{2}(A + B) + C = 1, \frac{\pi}{2}(A + B) + C = 0;$$

根据上面的关系, 得

$$C = \frac{1}{2}, A + B = \frac{1}{\pi}.$$

另一方面,

$$P\{X > 0\} = 1 - F(0) = 1 - B\arctan 1 - C = 1 - \frac{\pi}{4}B - C = \frac{1}{3},$$

故 $A = \frac{1}{3\pi}, B = \frac{2}{3\pi}, C = \frac{1}{2}$.

(2) $f(x) = F'(x) = \frac{1}{3\pi} \cdot \frac{1}{1 + x^2} + \frac{2}{3\pi} \cdot \frac{1}{1 + (1 + x)^2}$.

备注

根据连续型随机变量 X 的分布函数 $F(x)$ 求出相应的密度函数 $f(x)$, 难度并不大, 问题的难点在于密度函数 $f(x)$ 间断点的处理, 只有在连续点才有 $f(x) = F'(x)$, 故在 $F(x)$ 导数不存在处 (即 $f(x)$ 不连续处), 需给予 $f(x)$ 新的定义, 在 $f(x)$ 不连续处可定义 $f(x) = 0$. 注意概率密度函数不是唯一的, 改动有限个值, 所得函数仍是密度函数.

3. **知识点** 二维离散型随机变量的联合分布列的性质, 随机变量不相关的定义和性质, 随机变量函数的分布列, 相关系数.

思路分析

(1) 第 1 小题利用随机变量 X, Y 不相关等价于 $E(XY) = E(X) \cdot E(Y)$, 可得到常数 a, b 的一个关系式, 再结合联合分布列的规范性可以求出常数 a, b 的值.

(2) 第 2 小题利用二维离散型随机变量函数 $Z = f(X, Y)$ 的分布列的计算公式

$$P\{Z = z_k\} = P\{f(X, Y) = z_k\}$$
$$= \sum_{z_k = f(x_i, y_j)} P\{X = x_i, Y = y_j\}, \ k = 1, 2, \cdots$$

进行求解.

(3) 第 3 小题利用相关系数的定义 $\rho(X, Y) = \dfrac{\text{Cov}(X, Y)}{\sqrt{D(X)}\sqrt{D(Y)}}$ 进行计算.

解答

(1) 由联合分布列, 可得边缘分布列:

X	-1	0	1
P	$0.2 + a$	0.2	$0.2 + b$

Y	-1	0	1
P	$0.2 + a$	$0.2 + b$	0.2

从而有

$$E(X) = (-1) \times (0.2 + a) + 0 \times 0.2 + 1 \cdot (0.2 + b) = b - a,$$

$$E(Y) = (-1) \times (0.2 + a) + 0 \times (0.2 + b) + 1 \times 0.2 = -a,$$

由联合分布列, 得

$$E(XY) = (-1) \times (-1) \cdot a + 1 \times (-1) \times 0.1 + 1 \times 1 \times 0.1 = a.$$

因为 X, Y 不相关, 从而 $\text{Cov}(X, Y) = 0$,

即 $E(XY) = E(X) \cdot E(Y)$, 所以 $a = -a(b - a)$, 即 $a = 0$ 或 $a - b = 1$ (舍)

根据联合分布列的规范性, 可得 $a + b + 0.6 = 1$;

联立方程组求解, 得

$$a = 0, b = 0.4 \ (舍掉 a = 0.7, b = -0.3).$$

(2) $X+Y$ 可能取值: $-1, 0, 1, 2$, 且

$$P\{X+Y=-1\} = P\{X=-1, Y=0\} + P\{X=0, Y=-1\}$$
$$= 0.2 + 0.1 = 0.3,$$
$$P\{X+Y=0\} = P\{X=-1, Y=1\} + P\{X=0, Y=0\}$$
$$+ P\{X=1, Y=-1\} = 0 + 0 + 0.1 = 0.1,$$
$$P\{X+Y=1\} = P\{X=1, Y=0\} + P\{X=0, Y=1\} = 0.4 + 0.1 = 0.5,$$
$$P\{X+Y=2\} = P\{X=1, Y=1\} = 0.1.$$

所以 $X+Y$ 的分布列是

$X+Y$	-1	0	1	2
P	0.3	0.1	0.5	0.1

(3) 利用 $X, X+Y$ 的分布律, 可得

$$E(X) = 0.4, E(X^2) = 0.8, \ E(X+Y) = 0.4, E[(X+Y)^2] = 1.2;$$

从而

$$D(X) = E(X^2) - [E(X)]^2 = 0.64;$$
$$D(X+Y) = E[(X+Y)^2] - [E(X+Y)]^2 = 1.04.$$

另一方面, X, Y 不相关, 则 $\mathrm{Cov}(X, Y) = 0$, 从而

$$\mathrm{Cov}(X, X+Y) = \mathrm{Cov}(X, X) + \mathrm{Cov}(X, Y) = D(X) + \mathrm{Cov}(X, Y) = 0.64,$$

所以 $\rho(X, X+Y) = \dfrac{\mathrm{Cov}(X, X+Y)}{\sqrt{D(X)}\sqrt{D(X+Y)}} = \dfrac{0.64}{\sqrt{0.64}\sqrt{1.04}} = \dfrac{2}{13}\sqrt{26}.$

4. **知识点** 联合密度函数的性质, 边缘分布和条件分布密度函数的计算.

思路分析

设二维连续型随机变量 (X, Y) 的联合密度函数为 $f(x, y)$, 则有

(1) 联合密度函数的性质:

$$f(x, y) \geqslant 0, \ \int_{-\infty}^{+\infty} \int_{-\infty}^{+\infty} f(x, y)\mathrm{d}x\mathrm{d}y = 1;$$

(2) 随机变量 (X, Y) 落入区域 D 内的概率:

$$P\{(X, Y) \in D\} = \iint\limits_{(x,y) \in D} f(x, y) \mathrm{d}x \mathrm{d}y;$$

(3) 边缘密度函数:

$$f_X(x) = \int_{-\infty}^{+\infty} f(x, y) \mathrm{d}y, \quad f_Y(y) = \int_{-\infty}^{+\infty} f(x, y) \mathrm{d}x;$$

(4) 条件密度函数:

$$f_{X|Y}(x|y) = \frac{f(x, y)}{f_Y(y)}, \quad f_{Y|X}(y|x) = \frac{f(x, y)}{f_X(x)},$$

其中 $f_X(x) > 0, f_Y(y) > 0$.

解答

(1) 由联合密度函数的规范性, 可得

$$1 = \int_{-\infty}^{+\infty} \int_{-\infty}^{+\infty} f(x, y) \mathrm{d}x \mathrm{d}y = \int_0^1 \int_x^{2x} Cx \mathrm{d}y \mathrm{d}x = \frac{1}{3}C,$$

所以 $C = 3$;

(2)

$$P\{X + 2Y > 3\} = \iint\limits_{(x,y) \in D} f(x, y) \mathrm{d}x \mathrm{d}y,$$

其中 $D = \left\{ (x, y) \in \mathbf{R}^2 : \frac{3}{2} - \frac{x}{2} \leqslant y \leqslant 2x, \frac{3}{5} \leqslant x \leqslant 1 \right\}$,

则有

$$P\{X + 2Y > 3\} = \int_{\frac{3}{5}}^1 \int_{\frac{3}{2} - \frac{x}{2}}^{2x} 3x \mathrm{d}y \mathrm{d}x = \frac{13}{25}.$$

(3) 先计算边缘分布

$$f_X(x) = \begin{cases} \displaystyle\int_x^{2x} 3x \mathrm{d}y = 3x^2, & 0 < x < 1; \\ 0, & \text{其他}. \end{cases}$$

则可得当 $0 < x < 1$ 时, 条件密度函数

$$f_{Y|X}(y|x) = \frac{f(x,y)}{f_X(x)} = \begin{cases} \dfrac{1}{x}, & x < y < 2x; \\ 0, & \text{其他}. \end{cases}$$

5. **知识点**　矩估计, 极大似然估计.

思路分析

本题考查已知总体分布类型的参数估计问题.

(1) 矩估计的关键是找到被估参数与 m 阶总体矩之间的函数关系, 再将函数关系中的总体矩用对应的样本矩代替, 得到未知参数的矩估计量;

(2) 极大似然估计的关键是构造似然函数, 进而求出似然函数的最大值点.

解答

由期望的定义, 有

$$\begin{aligned} E(X) &= \int_0^{+\infty} \frac{1}{\theta} x^2 \mathrm{e}^{-\frac{x^2}{2\theta}} \mathrm{d}x = -\int_0^{+\infty} x \mathrm{d}\mathrm{e}^{-\frac{x^2}{2\theta}} \\ &= -x\mathrm{e}^{-\frac{x^2}{2\theta}} \Big|_0^{+\infty} + \int_0^{+\infty} \mathrm{e}^{-\frac{x^2}{2\theta}} \mathrm{d}x \\ &= \sqrt{\frac{\pi\theta}{2}}, \end{aligned}$$

所以 $\theta = \dfrac{2[E(X)]^2}{\pi}$,

于是 θ 的矩估计量为 $\hat{\theta} = \dfrac{2\overline{X}^2}{\pi}$;

似然函数

$$L(\theta) = \prod_{i=1}^n \frac{1}{\theta} x_i \mathrm{e}^{-\frac{x_i^2}{2\theta}} = \frac{1}{\theta^n} \prod_{i=1}^n x_i \mathrm{e}^{-\frac{\sum\limits_{i=1}^n x_i^2}{2\theta}},$$

对数似然函数

$$\ln L(\theta) = -n\ln\theta + \sum_{i=1}^n \ln x_i - \frac{1}{2\theta} \sum_{i=1}^n x_i^2,$$

令 $\dfrac{\mathrm{d}\ln L(\theta)}{\mathrm{d}\theta} = 0$, 即

$$-\frac{n}{\theta} + \frac{\sum\limits_{i=1}^{n} x_i^2}{2\theta^2} = 0,$$

得 θ 的极大似然估计 $\hat{\theta} = \dfrac{\sum\limits_{i=1}^{n} x_i^2}{2n}$.

6. **知识点**　单正态总体的关于方差的单侧假设检验.

   思路分析

   题目的设问为 "能否认为这批导线的标准差显著过高", 所以这是关于方差的单侧假设检验问题, 进而可写出 H_0, H_1. 问题中均值未知, 选取的枢变量 $\chi^2 = \dfrac{(n-1)S^2}{\sigma^2} \sim \chi^2(n-1)$, 拒绝域的端点是 χ^2 分布的 α 分位点.

   解答

   $H_0: \sigma \leqslant \sigma_0 0.05, \ H_1: \sigma > 0.05$,

   枢变量为: $\dfrac{(n-1)S^2}{\sigma^2} \sim \chi^2(n-1)$,

   拒绝域是 $W = \left\{ \chi_0^2 = \dfrac{(n-1)s^2}{\sigma_0^2} > \chi_{0.05}^2(4) = 9.488 \right\}$

   经计算 $\chi_0^2 = \dfrac{(n-1)s^2}{0.05^2} = 7.84 < 9.488$, 不在拒绝域内, 故不能认为导线标准差显著过高.

   备注

   显著性假设检验问题中, 设置假设的时候需要注意, 如果设问中含有 "**显著, 明显**" 等词语时, 那么说明需要找到充分的证据才能认同设问中对应的结论, 此时对应的结果应该选为备择假设. 否则, 会得出不同的检验结果.

浙江工业大学概率论与数理统计期末试卷6解析

一、选择题

1. **知识点** 随机事件的关系及运算, 对偶律 (德摩根律).

   思路分析

   利用如下的随机事件的关系及运算律进行处理：

   (1) 差积转化：$A - B = A\overline{B}$;

   (2) 对偶律：$\overline{A \cup B} = \overline{A}\,\overline{B}$.

   解答

   因为 $A - (B \cup C) = A(\overline{B \cup C}) = A\overline{B}\,\overline{C}$,

   即表示 A 发生, 同时 B, C 都不发生.

   故选 B.

2. **知识点** 随机事件的相关性与独立性.

   思路分析

   利用随机事件独立的含义及如下的不相关的定义、性质进行判断.

   X 和 Y 不相关 $\Leftrightarrow \rho(X,Y) = 0 \Leftrightarrow \mathrm{Cov}(X,Y) = 0 \Leftrightarrow E(XY) = E(X) \cdot E(Y)$.

   解答

   因为 $X \sim U(-a,a)$, 密度函数 $f(x)$ 为偶函数,

   所以 $E(X) = E(X^3) = 0$. 于是有

   $$\mathrm{Cov}(X,Y) = E(XY) - E(X) \cdot E(Y) = E(X^3) - E(X) \cdot E(X^2) = 0,$$

   这说明 X 与 Y 是不相关的. 由 $Y = X^2$, 显然, X 与 Y 是不相互独立的.

   故选 D.

3. **知识点**　一维随机变量分布函数的性质.

思路分析

分布函数 $F(x)$ 的基本性质：

(1) 单调性：$F(x)$ 是一个单调不减的函数；

(2) 有界性：$0 \leqslant F(x) \leqslant 1$ 且 $F(+\infty) = \lim\limits_{x \to +\infty} F(x) = 1$, $F(-\infty) = \lim\limits_{x \to -\infty} F(x) = 0$;

(3) 连续性：$F(x^+) = F(x)$, 即 $F(x)$ 是右连续函数；

以上 3 个性质是判断一个函数是否为分布函数的充要条件.

解答

(A) $F(+\infty) = 0$, 从而不是分布函数；

(B) $F(+\infty) = \dfrac{1}{2}$, 从而不是分布函数；

(C) $F(0^+) = \lim\limits_{x \to 0^+} \dfrac{x+1}{x+2} = \dfrac{1}{2} \neq F(0)$, 从而不是分布函数；

(D) $F(x)$ 满足分布函数的所有性质.

故选 D.

4. **知识点**　两点分布, 均匀分布的定义, 随机变量的独立性, 二维随机变量对应随机事件的概率计算.

思路分析

随机事件 $\left\{X+Y \leqslant \dfrac{1}{3}\right\}$ 可以分解成 $\left\{X=0, Y \leqslant \dfrac{1}{3}\right\} \cup \left\{X=1, Y \leqslant -\dfrac{2}{3}\right\}$, 再利用独立性的定义, 两点分布的分布律和均匀分布的密度函数即可算出概率.

解答

由已知条件, 得

$$P\left\{X+Y \leqslant \frac{1}{3}\right\} = P\left\{X=0, X+Y \leqslant \frac{1}{3}\right\} + P\left\{X=1, X+Y \leqslant \frac{1}{3}\right\}$$

$$= P\left\{X=0, Y \leqslant \frac{1}{3}\right\} + P\left\{X=1, Y \leqslant -\frac{2}{3}\right\}$$

$$= P\{X = 0\} \cdot P\left\{Y \leqslant \frac{1}{3}\right\} + P\{X = 1\} \cdot P\left\{Y \leqslant -\frac{2}{3}\right\}$$

$$= \frac{1}{2} \times \frac{1}{3} + 0 = \frac{1}{6}.$$

故选 A.

5. **知识点**　利用切比雪夫不等式估算概率.

思路分析

切比雪夫不等式: 设随机变量 X 的期望 $E(X)$ 及方差 $D(X)$ 存在, 则对任意 $\varepsilon > 0$, 有

$$P\{|X - E(X)| \geqslant \varepsilon\} \leqslant \frac{D(X)}{\varepsilon^2} \quad \text{或} \quad P\{|X - E(X)| < \varepsilon\} \geqslant 1 - \frac{D(X)}{\varepsilon^2}.$$

解答

由题意可得 $(E(X))^2 = E(X^2) - D(X) = 1$, 因为 X 是非负随机变量, 所以 $E(X) \geqslant 0$, 故 $E(X) = 1$, 利用切比雪夫不等式,

$$P\{0 < X < 2\} = P\{|X - 1| < 1\} \geqslant 1 - \frac{0.1}{1^2} = 0.9,$$

故选 C.

6. **知识点**　二维正态分布的性质.

思路分析

(1) 若 $(X, Y) \sim N(\mu_1, \mu_2, \sigma_1^2, \sigma_2^2, \rho)$, 则 $X \sim N(\mu_1, \sigma_1^2)$, $Y \sim N(\mu_2, \sigma_2^2)$;

(2) $D(X + Y) = D(X) + D(Y) + 2\text{Cov}(X, Y)$, $D(X - Y) = D(X) + D(Y) - 2\text{Cov}(X, Y)$;

(3) $\text{Cov}(X, Y) = \rho(X, Y)\sqrt{D(X)}\sqrt{D(Y)}$.

(4) (X, Y) 服从二维正态分布, X, Y 独立 $\Leftrightarrow \text{Cov}(X, Y) = 0$

解答

由条件 $(X, Y) \sim N\left(0, 0, 1, 4, -\frac{1}{2}\right)$, 得边缘分布 $X \sim N(0, 1)$, $Y \sim N(0, 4)$, 则有

$$E(X + Y) = E(X) + E(Y) = 0,$$

$$D(X+Y) = D(X) + D(Y) + 2\rho(X,Y)\sqrt{D(X)}\sqrt{D(Y)} = 3,$$

从而 $X+Y \sim N(0,3)$, 类似, $X-Y \sim N(0,7)$.

所以 $\dfrac{X+Y}{\sqrt{3}} \sim N(0,1)$, $\dfrac{X-Y}{\sqrt{7}} \sim N(0,1)$.

又因为 $\mathrm{Cov}(X+Y,X) = \mathrm{Cov}(X,X) + \mathrm{Cov}(Y,X) = 0$,

$\mathrm{Cov}(X-Y,X) = \mathrm{Cov}(X,X) - \mathrm{Cov}(Y,X) = 2$,

所以 $\dfrac{\sqrt{3}}{3}(X+Y)$ 与 X 独立.

故选 C.

备注

当 X,Y 不相关时, $D(X\pm Y) = D(X) + D(Y)$ 成立. 一般情况下, 此公式不成立.

7. **知识点**　无偏估计的定义.

思路分析

(1) 若估计量 $\hat{\theta} = \hat{\theta}(X_1, X_2, \cdots, X_n)$ 的期望 $E(\hat{\theta})$ 存在, 且 $E(\hat{\theta}) = \theta$, 则称 $\hat{\theta}$ 是 θ 的无偏估计量.

(2) 总体 X 的期望 $E(X) = \mu$, 方差 $D(X) = \sigma^2$, 则有 $E(\overline{X}) = \mu, D(\overline{X}) = \dfrac{\sigma^2}{n}, E(S^2) = \sigma^2$;

解答

由题意可知 $E(\overline{X}) = 0, D(\overline{X}) = \dfrac{\sigma^2}{n}, E(S^2) = \sigma^2$, 则有

$$E(\overline{X}^2) = D(\overline{X}) + [E(\overline{X})]^2 = \dfrac{\sigma^2}{n},$$

从而 $E(n\overline{X}^2 + S^2) = nE(\overline{X}^2) + E(S^2) = 2\sigma^2$,

所以 $E\left(\dfrac{1}{2}(n\overline{X}^2 + S^2)\right) = \sigma^2$.

故选 B.

8. **知识点** 双侧置信区间.

思路分析

本题在单正态总体下, σ^2 未知条件下求总体均值 μ 的置信水平为 $1-\alpha$ 的双侧置信区间, 注意枢变量的选取, 以及单侧置信区间, 双侧置信区间选取的分位点不同.

解答

单正态总体下总体方差 σ^2 未知时对均值 μ 进行双侧区间估计, 参数 μ 的置信度为 $1-\alpha$ 的双侧置信区间为

$$\left(\overline{X} - \frac{S}{\sqrt{n}} t_{\frac{\alpha}{2}}(n-1), \overline{X} + \frac{S}{\sqrt{n}} t_{\frac{\alpha}{2}}(n-1) \right).$$

故选 B.

二、填空题

1. **知识点** 概率的性质, 独立性的性质.

思路分析

(1) $P(\overline{A}) = 1 - P(A)$;

(2) 若 $A_1, A_2, \cdots, A_n$ 相互独立, 则 $B_1, B_2, \cdots, B_n$ 也相互独立, 其中 B_i 为 A_i 或 $\overline{A}_i$, $i = 1, 2, \cdots, n$;

解答

设 A_i $(i = 1, 2, 3, 4)$ 表示第 i 次射击命中目标, B 表示第 4 次射击恰好第 2 次命中目标, 则

$$P(B) = P(A_1 \overline{A}_2 \overline{A}_3 A_4) + P(\overline{A}_1 A_2 \overline{A}_3 A_4) + P(\overline{A}_1 \overline{A}_2 A_3 A_4).$$

由 $P(A_i) = \dfrac{1}{3}$, A_1, A_2, A_3, A_4 相互独立, 有

$$P(A_1 \overline{A}_2 \overline{A}_3 A_4) = P(A_1) P(\overline{A}_2) P(\overline{A}_3) P(A_4) = \frac{4}{81},$$

同理, $P(\overline{A}_1 A_2 \overline{A}_3 A_4) = P(\overline{A}_1 \overline{A}_2 A_3 A_4) = \dfrac{4}{81}$,

从而 $P(B) = \dfrac{4}{27}$.

答案是 $\dfrac{4}{27}$.

2. **知识点**　随机事件的分解, 概率的加法公式.

   思路分析

   (1) 随机事件的分解: $A \cup B = \overline{A}B + A\overline{B} + AB$,

   (2) 概率的加法公式: $P(A \cup B) = P(A) + P(B) - P(AB)$.

   解答

   A, B 恰有一个发生可表示为 $\overline{A}B \cup A\overline{B}$, 则

   $$P(\overline{A}B \cup A\overline{B}) = P(\overline{A}B) + P(A\overline{B}) = 0.3,$$

   从而利用随机事件的分解,

   $$P(A \cup B) = P(\overline{A}B) + P(A\overline{B}) + P(AB) = 0.3 + P(AB);$$

   另一方面, 由概率的加法公式,

   $$P(A \cup B) = P(A) + P(B) - P(AB) = 0.5 - P(AB), \text{ 所以 } P(AB) = 0.1.$$

   事件 "A, B 至少有一个不发生", 对立事件为 "A, B 同时发生",

   因而所求概率为 $1 - P(AB) = 0.9$.

   答案是 0.9.

3. **知识点**　指数分布的定义, 指数分布的性质.

   思路分析

   (1) 指数分布 $\mathrm{Exp}(\lambda)$ 的密度函数:

   $$f(x) = \begin{cases} \lambda \mathrm{e}^{-\lambda x}, & x > 0; \\ 0, & x \leqslant 0; \end{cases} \quad (\lambda > 0).$$

   (2) 指数分布的无记忆性: 对于任意 $s, t > 0$, 有 $P\{X > s + t | X > s\} = P\{X > t\}$.

   解答

   由指数分布的密度函数, 可得

   $$P\{X \geqslant 1\} = \int_1^{+\infty} \lambda \mathrm{e}^{-\lambda x} \mathrm{d}x = \frac{1}{2},$$

   则有 $\mathrm{e}^{-\lambda} = \dfrac{1}{2}$.

利用指数分布的无记忆性, 有

$$P\{X \geqslant 3 | X \geqslant 1\} = P\{X \geqslant 2\} = \int_2^{+\infty} \lambda e^{-\lambda x} \mathrm{d}x = e^{-2\lambda} = \frac{1}{4}.$$

答案是 $\frac{1}{4}$.

4. **知识点** 常见随机变量的期望.

   思路分析

   若 $Y \sim B(n, p)$, 则 $E(Y) = np$.

   解答

   事件 $\left\{ X > \dfrac{\pi}{3} \right\}$ 发生的概率

   $$p = \int_{\frac{\pi}{3}}^{+\infty} f(x)\mathrm{d}x = \int_{\frac{\pi}{3}}^{\pi} \frac{1}{2} \cos \frac{x}{2} \mathrm{d}x = \frac{1}{2},$$

   从而 4 次独立重复观察中 $\left\{ X > \dfrac{\pi}{3} \right\}$ 出现的次数 $Y \sim B\left(4, \dfrac{1}{2} \right)$,

   所以 $E(Y) = 4 \times \dfrac{1}{2} = 2$.

   答案是 2.

5. **知识点** 大数定律, 泊松分布的期望和方差.

   思路分析

   辛钦大数定律: 设 $X_1, X_2, X_3, \cdots$ 是独立同分布随机变量序列, 期望 μ、方差 σ^2 存在, 则

   $$\frac{1}{n}(X_1 + X_2 + \cdots + X_n) \xrightarrow{P} E(X_i) = \mu.$$

   因此只需求出 $Y_i = X_i^2$ 的期望即可.

   解答

   由题意 $X_i \sim P(2)$, 则有 $E(X_i) = D(X_i) = 2$ 且 $E(X_i^2) = D(X_i) + (E(X_i))^2 = 6$.

   因为 $X_1, X_2, \cdots, X_n$ 独立同分布,

所以 $X_1^2, X_2^2, \cdots, X_n^2$ 也独立同分布,

于是由辛钦大数定律知:

$$\frac{1}{n}\sum_{i=1}^{n} X_i^2 \xrightarrow{P} E(X_i^2) = 6.$$

答案是 6.

6. **知识点**　χ^2 分布的定义, 正态分布的性质.

思路分析

设 $X_1, X_2, \cdots, X_n$ 相互独立, 且都服从 $N(0,1)$, 则统计量 $X_1^2 + X_2^2 + \cdots + X_n^2$ 服从自由度为 n 的 χ^2 分布.

解答

因为总体 $X \sim N(0,4)$, 所以 $X_1 - X_2 \sim N(0,8)$, $X_3 + X_4 + X_5 \sim N(0,12)$,

从而 $\pm\dfrac{X_1 - X_2}{\sqrt{8}} \sim N(0,1)$, $\pm\dfrac{X_3 + X_4 + X_5}{\sqrt{12}} \sim N(0,1)$,

且 $\dfrac{X_1 - X_2}{\sqrt{8}}$, $\dfrac{X_3 + X_4 + X_5}{\sqrt{12}}$ 相互独立, 所以

$$\left(\frac{X_1 - X_2}{\sqrt{8}}\right)^2 + \left(\frac{X_3 + X_4 + X_5}{\sqrt{12}}\right)^2 = \frac{1}{8}(X_1 - X_2)^2 + \frac{1}{12}(X_3 + X_4 + X_5)^2 \sim \chi^2(2).$$

故 $a = \dfrac{1}{8}, b = \dfrac{1}{12}$.

答案是 $\dfrac{1}{8}, \dfrac{1}{12}$.

7. **知识点**　中心极限定理.

思路分析

列维-林德伯格中心极限定理: 设 $X_1, X_2, \cdots, X_n \cdots$ 为独立同分布的随机变量序列, $E(X_1) = \mu, D(X_1) = \sigma^2$, 则当 n 充分大时, $\sum_{i=1}^{n} X_i$ 近似服从于正态分布 $N(n\mu, n\sigma^2)$.

解答

设 $X_i(i = 1, 2, \cdots, n)$ 表示第 i 个加数的取整误差, 则误差总和 $X = \sum_{i=1}^{300} X_i$.

因为 $X_i \sim U(-0.5, 0.5)$, 故 $E(X_i) = 0, D(X_i) = \dfrac{1}{12}$, 且 $X_1, X_2, \cdots, X_n$ 独立同分布,

由中心极限定理, 得

$$\sum_{i=1}^{300} X_i \text{ 近似服从} N(0, 25),$$

所以

$$P\{|X| \leqslant 15\} = P\left\{\left|\sum_{i=1}^{300} X_i\right| \leqslant 15\right\} = P\left\{-3 \leqslant \frac{1}{5}\sum_{i=1}^{300} X_i \leqslant 3\right\}$$

$$\approx \Phi(3) - \Phi(-3) = 2\Phi(3) - 1,$$

即 $P\{|X| > 15\} = 1 - P\{|X| \leqslant 15\} \approx 2(1 - \Phi(3)) = 0.0026$.

答案是 0.0026.

三、解答题

1. **知识点** 全概率公式, 贝叶斯公式.

思路分析

(1) 第 1 小题考查全概率公式, 关键是找到一个完备事件组: 第一次从两个口袋取球的所有可能的结果构成了一个完备事件组.

(2) 第 2 个试验的某个结果已知, 现求第 1 个试验中的哪一个结果是导致其发生的真正原因, 则可用贝叶斯公式.

解答

设 A_i 表示 "从第 i 个袋子取出白球", $i = 1, 2$, B 表示 "从两个球中任取一球为白球".

(1) 构造完备事件组 $A_1 A_2, \overline{A}_1 A_2, A_1 \overline{A}_2, \overline{A}_1 \overline{A}_2$, 由全概率公式, 得

$$P(B) = P(A_1 A_2) P(B \mid A_1 A_2) + P(\overline{A}_1 A_2) P(B \mid \overline{A}_1 A_2) +$$
$$P(A_1 \overline{A}_2) P(B \mid A_1 \overline{A}_2) + P(\overline{A}_1 \overline{A}_2) P(B \mid \overline{A}_1 \overline{A}_2)$$

$$= \frac{2}{6} \times \frac{6}{8} \times 1 + \frac{4}{6} \times \frac{6}{8} \times \frac{1}{2} + \frac{2}{6} \times \frac{2}{8} \times \frac{1}{2} + \frac{4}{6} \times \frac{2}{8} \times 0$$

$$= \frac{13}{24};$$

(2) 所求事件的概率表示为 $P\left(A_1A_2 \cup \overline{A_1}\,\overline{A_2} \mid B\right)$, 因为 A_1A_2 与 $\overline{A_1}\,\overline{A_2}$ 互斥, 所以

$$P\left(A_1A_2 \cup \overline{A_1}\,\overline{A_2} \mid B\right) = P\left(A_1A_2 \mid B\right) + P\left(\overline{A_1}\,\overline{A_2} \mid B\right)$$

$$= \frac{\dfrac{2}{6} \times \dfrac{6}{8} \times 1}{\dfrac{13}{24}} + 0 = \frac{6}{13}.$$

备注

如果所求概率的事件与前后两个试验有关, 且这两个试验彼此有关系, 那么第 1 个试验的可能结果会对第 2 个试验产生影响, 可以从第 1 个试验入手, 分解其样本空间, 找出完备事件组.

2. **知识点**　密度函数的性质, 连续型随机变量分布函数的计算, 随机变量函数的期望.

思路分析

(1) 若连续型随机变量 X 的密度函数是 $f(x)$, 则对于任意实数 $a, b(a \leqslant b)$, 有

$$P\{a < X \leqslant b\} = P\{a \leqslant X < b\} = P\{a \leqslant X \leqslant b\} = P\{a < X < b\}$$

$$= \int_a^b f(x)\mathrm{d}x;$$

(2) 若 X 的密度函数为 $f(x)$, 则分布函数为 $F(x) = \displaystyle\int_{-\infty}^x f(t)\mathrm{d}t$. 当 $f(x)$ 为分段函数时, 其分布函数 $F(x)$ 需要做分段讨论;

(3) 期望的性质: $E(aX + b) = aE(X) + b$, 其中 a, b 为常数.

(4) X 的密度函数为 $f(x)$, $Y = g(X)$, 则

$$E(Y) = E(g(X)) = \int_{-\infty}^{+\infty} g(x)f(x)\mathrm{d}x.$$

解答

(1) 由已知条件, 得

$$P\{1 \leqslant X < 2\} = \int_1^2 ax\,\mathrm{d}x = \frac{3}{2}a, \quad P\{2 \leqslant X < 3\} = \int_2^3 b\,\mathrm{d}x = b,$$

因此 $\dfrac{3}{2}a = 2b$, 即 $a = \dfrac{4b}{3}$. 又由密度函数的规范性, 得

$$\int_{-\infty}^{+\infty} f(x)\mathrm{d}x = \int_1^2 ax\,\mathrm{d}x + \int_2^3 b\,\mathrm{d}x = 1,$$

因此 $\dfrac{3}{2}a + b = 1$, 解得 $a = \dfrac{4}{9}, b = \dfrac{1}{3}$.

(2) 当 $x < 1$ 时, $F(x) = \displaystyle\int_{-\infty}^{x} f(t)\mathrm{d}t = \int_{-\infty}^{x} 0\mathrm{d}t = 0;$

当 $1 \leqslant x < 2$ 时, $F(x) = \displaystyle\int_{-\infty}^{x} f(t)\mathrm{d}t = \int_{-\infty}^{1} 0\mathrm{d}t + \int_1^x \frac{4}{9}t\mathrm{d}t = \frac{2}{9}(x^2 - 1);$

当 $2 \leqslant x < 3$ 时, $F(x) = \displaystyle\int_{-\infty}^{x} f(t)\mathrm{d}t = \int_{-\infty}^{1} 0\mathrm{d}t + \int_1^2 \frac{4}{9}t\mathrm{d}t + \int_2^x \frac{1}{3}\mathrm{d}t = \frac{1}{3}x;$

当 $x \geqslant 3$ 时, $F(x) = \displaystyle\int_{-\infty}^{x} f(t)\mathrm{d}t = \int_{-\infty}^{1} 0\mathrm{d}t + \int_1^2 \frac{4}{9}t\mathrm{d}t + \int_2^3 \frac{1}{3}\mathrm{d}t + \int_3^x 0\mathrm{d}t = 1;$

故 X 的分布函数为

$$F(x) = \begin{cases} 0, & x < 1, \\ \dfrac{2}{9}(x^2 - 1) & 1 \leqslant x < 2, \\ \dfrac{1}{3}x, & 2 \leqslant x < 3, \\ 1, & x \geqslant 3. \end{cases}$$

(3) 利用随机变量函数的期望公式, 可得

$$E(X^2) = \int_{-\infty}^{+\infty} x^2 f(x)\mathrm{d}x = \int_1^2 \frac{4}{9}x^3\mathrm{d}x + \int_2^3 \frac{1}{3}x^2\mathrm{d}x = \frac{34}{9},$$

由期望的性质, 可得

$$E(Y) = E(9X^2 + 1) = 9E(X^2) + 1 = 35.$$

3. **知识点** 离散型随机变量联合分布律的性质, 事件独立性的定义, 协方差的计算与性质.

思路分析

(1) 第 1 小题利随机事件的独立性和联合分布律的性质, 得到 a, b 的方程, 联立方程求解即可.

(2) 第 2 小题利用协方差的性质:

$$\text{Cov}(X_1 + X_2, Y) = \text{Cov}(X_1, Y) + \text{Cov}(X_2, Y),$$

$$\text{Cov}(X, Y) = \text{Cov}(Y, X), \quad \text{Cov}(X, X) = D(X),$$

可将所求协方差 $\text{Cov}(X + Y, X - Y)$ 转为 $D(X), D(Y)$ 的计算.

解答

由分布律的性质, 可得 $a + b + 0.4 + 0.1 = 1$,

(1) 由 $\{X + Y = 1\}$ 与 $\{X = 0\}$ 相互独立, 则有

$$P\{X + Y = 1, X = 0\} = P\{X + Y = 1\}P\{X = 0\},$$

即 $P\{X = 0, Y = 1\} = (P\{X = 0, Y = 1\} + P\{X = 1, Y = 0\})P\{X = 0\}$,

故 $a = (a + b)(0.4 + a)$;

从而

$$\begin{cases} a + b = 0.5, \\ a = (a + b)(0.4 + a), \end{cases}$$

解此方程组, 得 $a = 0.4, b = 0.1$.

(2) 由联合分布律, 可求得边缘分布律

X	0	1
P	0.8	0.2

Y	0	1
P	0.5	0.5

从而有 $E(X) = E(X^2) = 0.2$, $E(Y) = E(Y^2) = 0.5$,

所以 $D(X) = 0.16, D(Y) = 0.25$, 故

$$\text{Cov}(X + Y, X - Y) = \text{Cov}(X, X) - \text{Cov}(X, Y) + \text{Cov}(Y, X) - \text{Cov}(Y, Y)$$

$$= D(X) - D(Y) = -0.09.$$

4. **知识点**　边缘分布和条件分布密度函数, 和函数 $X + Y$ 密度函数的计算, 独立性的判别.

思路分析

二维连续随机变量 (X, Y) 的联合密度函数为 $f(x, y)$, 边缘密度函数为 $f_X(x)f_Y(y)$, 则有

(1) 利用 $f(x, y)$ 求 $P\{(X, Y) \in D\}$:

$$P\{(X, Y) \in D\} = \iint\limits_{(x,y) \in D} f(x, y) \mathrm{d}x \mathrm{d}y;$$

应找出 D 与 $f(x, y)$ 的非零区域的公共部分 G, 然后在 G 上求二重积分.

(2) 独立性检验的方法.

若 $f(x, y) = f_X(x)f_Y(y)$, 则 X, Y 相互独立, 其中边缘密度函数:

$$f_X(x) = \int_{-\infty}^{+\infty} f(x, y) \mathrm{d}y, \quad f_Y(y) = \int_{-\infty}^{+\infty} f(x, y) \mathrm{d}x;$$

或等价地, 若条件密度函数与边缘密度函数满足: $f_{X|Y}(x|y) = f_X(x)$ 或 $f_{Y|X}(y|x) = f_Y(y)$, 则 X, Y 相互独立.

(3) $Z = X + Y$ 的密度函数为:

$$f_Z(z) = \int_{-\infty}^{+\infty} f(x, z - x) \mathrm{d}x = \int_{-\infty}^{+\infty} f(z - y, y) \mathrm{d}y,$$

特别地, 当 X 与 Y 相互独立时,

$$f_Z(z) = f_X \cdot f_Y = \int_{-\infty}^{+\infty} f_X(x)f_Y(z - x) \mathrm{d}x = \int_{-\infty}^{+\infty} f_X(z - y)f_Y(y) \mathrm{d}y.$$

解答

(1) 记区域 $D = \{(x, y) \in \mathbf{R}^2 | x + y > 1\}$, 由题意, 可得

$$P\{X + Y > 1\} = \iint\limits_{D} f(x, y) \mathrm{d}x\, \mathrm{d}y = \int_0^1 \left(\int_{1-x}^2 xy\, \mathrm{d}y \right) \mathrm{d}x$$

$$= \int_0^1 \left(\frac{3}{2}x + x^2 - \frac{1}{2}x^3 \right) \mathrm{d}x = \frac{23}{24};$$

(2) X 的边缘密度函数

$$f_X(x) = \int_{-\infty}^{+\infty} f(x,y)\mathrm{d}y = \begin{cases} \int_0^2 xy\,\mathrm{d}y = 2x, & 0 \leqslant x \leqslant 1, \\ 0, & \text{其他}, \end{cases}$$

Y 的边缘密度函数

$$f_Y(y) = \int_{-\infty}^{+\infty} f(x,y)\mathrm{d}x = \begin{cases} \int_0^1 xy\,\mathrm{d}x = \dfrac{y}{2}, & 0 \leqslant y \leqslant 2, \\ 0, & \text{其他}, \end{cases}$$

于是当 $0 < y < 2$ 时, 有

$$f_{X|Y}(x \mid y) = \frac{f(x,y)}{f_Y(y)} = \begin{cases} \dfrac{xy}{y/2} = 2x, & 0 \leqslant x \leqslant 1, \\ 0, & \text{其他}. \end{cases}$$

因为 $f_{X|Y}(x \mid y) = f_X(x)$, 所以 X 与 Y 相互独立.

(3) $Z = X + Y$ 的密度函数

$$f_z(z) = \int_{-\infty}^{+\infty} f(z - y, y)\mathrm{d}y,$$

易知仅当

$$\begin{cases} 0 \leqslant z - y \leqslant 1, \\ 0 \leqslant y \leqslant 2, \end{cases} \quad \text{即} \quad \begin{cases} y \leqslant z \leqslant y + 1, \\ 0 \leqslant y \leqslant 2, \end{cases}$$

上述卷积公式中的被积函数不为零. 所以

$$f_z(z) = \begin{cases} \int_0^z (z-y)y\,\mathrm{d}y, & 0 < z < 1, \\ \int_{z-1}^z (z-y)y\,\mathrm{d}y, & 1 \leqslant z < 2, \\ \int_{z-1}^2 (z-y)y\,\mathrm{d}y, & 2 \leqslant z < 3, \\ 0, & \text{其他}. \end{cases} = \begin{cases} \dfrac{1}{6}z^3, & 0 < z < 1, \\ \dfrac{3z-2}{6}, & 1 \leqslant z < 2, \\ \dfrac{-z^3 + 15z - 18}{6}, & 2 \leqslant z < 3, \\ 0, & \text{其他}. \end{cases}$$

备注

在用公式求 $Z = X + Y$ 密度函数时, 以 $\int_{-\infty}^{+\infty} f(z-y, y) \mathrm{d}y$ $\left(\text{或} \int_{-\infty}^{+\infty} f_X(z-y) f_Y(y) \mathrm{d}y\right)$ 为例, 要注意: 首先要对一切 $z \in \mathbf{R}$ 予以讨论, z 可能要分成几个不同的区间分别讨论, 不同的区间被积函数有不同的表达式; 其次, 上述积分区间形式上为 $(-\infty, +\infty)$, 但实质是在 $f(z-y, y) > 0$ (或 $f_X(z-y) f_Y(y) > 0$) 的区域上的积分. 因此, 积分区域为:

$$\{y | f(z-y, y) > 0\} \quad (\text{或} \ \{y | f_X(z-y) > 0 \text{且} \ f_Y(y) > 0\}),$$

积分上限, 下限也由此可以确定, 同时 z 的取值范围不同, 积分的上限, 下限也可能会不相同.

5. **知识点** 矩估计, 极大似然估计.

思路分析

此题已知的是总体的分布函数, 先利用分布函数和密度函数的关系, 求出总体的密度函数.

(1) 矩估计: 求出总体一阶矩 (期望), 得到参数 θ 与期望的关系, 然后用样本一阶矩 (样本均值) 替换总体一阶矩, 即为 θ 的矩估计;

(2) 极大似然估计: 总体 X 的密度函数 $f(x; \theta)$, 写出似然函数

$$L(\theta) = L(x_1, x_2, \cdots, x_n; \theta) = \prod_{i=1}^{n} f(x_i; \theta),$$

如果 $L(\theta)$ 或 $\ln L(\theta)$ 在内部取到最大值点, θ 的极大似然估计 $\hat{\theta}$ 是似然函数 (对数似然函数) 的最大值点, 即方程的解:

$$\frac{\mathrm{d}}{\mathrm{d}\theta} L(\theta) = 0 \quad \text{或} \quad \frac{\mathrm{d}}{\mathrm{d}\theta} \ln L(\theta) = 0.$$

解答

总体 X 的密度函数为

$$f(x; \theta) = \begin{cases} \dfrac{\theta}{x^{\theta+1}}, & x > 1, \\ 0, & x \leqslant 1, \end{cases}$$

(1) 由

$$E(X) = \int_{-\infty}^{+\infty} x f(x;\theta) \mathrm{d}x = \theta \int_1^{+\infty} \frac{1}{x^\theta} \mathrm{d}x = \frac{\theta}{\theta - 1},$$

得 $\theta = \dfrac{E(X)}{E(X) - 1}$, 故参数 θ 的矩估计量为 $\hat{\theta} = \dfrac{\overline{X}}{\overline{X} - 1}$.

(2) 似然函数为

$$L(\theta) = \prod_{i=1}^n f(x_i;\theta) = \frac{\theta^n}{(x_1 x_2 \cdots x_n)^{\theta+1}}, \quad \text{其中 } x_i > 1 \ (i = 1, 2, \cdots, n),$$

取对数,

$$\ln L(\theta) = n \ln \theta - (\theta + 1) \sum_{i=1}^n \ln x_i,$$

求导,

$$\frac{\mathrm{d}}{\mathrm{d}\theta} \ln L(\theta) = \frac{n}{\theta} - \sum_{i=1}^n \ln x_i,$$

由 $\dfrac{\mathrm{d}}{\mathrm{d}\theta} \ln L(\theta) = 0$ 得 $\tilde{\theta} = \dfrac{n}{\sum\limits_{i=1}^n \ln x_i}$,

当 $\tilde{\theta} \geqslant 1$ 时, θ 的极大似然估计量为 $\dfrac{n}{\sum\limits_{i=1}^n \ln x_i}$;

当 $\tilde{\theta} < 1$ 时, 因为 $L(\theta)$ 在 $\theta \geqslant 1$ 上是单调减函数, 所以 θ 的极大似然估计量为 1;

从而参数 θ 的极大似然估计量为 $\max\left\{ \dfrac{n}{\sum\limits_{i=1}^n \ln X_i}, 1 \right\}$.

6. **知识点**　单正态总体的关于方差的单边假设检验.

思路分析

题目的设问为 "σ^2 是否显著大于 6", 所以这是关于方差的单侧假设检验问题, 进而可写出 H_0, H_1. 由于 μ 未知, 选取枢变量 $\dfrac{(n-1)S^2}{\sigma^2}$, 拒绝域的端点是 χ^2 分布的 α 分位点.

解答

$H_0 : \sigma^2 \leqslant 6, H_1 : \sigma^2 > 6,$

取枢变量

$$\chi^2 = \frac{(n-1)S^2}{6} \sim \chi^2(n-1),$$

由 $\alpha = 0.1, n = 25$ 得拒绝域为

$$W = \{\chi_0^2 = n \geqslant \chi_\alpha^2(n-1) = \chi_{0.1}^2(24) = 33.196.\}$$

又 $s = 2.5$, 得 $\chi_0^2 = \frac{(25-1) \times 2.5^2}{6} = 25 < 33.196,$

不在拒绝域内, 所以接受 H_0, 即不可认为 σ^2 显著大于 6 g.

浙江工业大学概率论与数理统计期末试卷7解析

一、填空题

1. **知识点** 条件概率或乘法原理.

   思路分析

   已知条件 $P(A|\bar{B}) = 2P(A|B)$, 提示这道题目要利用条件概率公式 $P(B|A) = \dfrac{P(AB)}{P(A)}$ 和运算性质来处理. 概率的所有运算性质对于条件概率同样适用, 这里要用到逆事件的概率运算以及减法公式.

   解答

   因为 $P(A|\bar{B}) = \dfrac{P(A\bar{B})}{P(\bar{B})} = \dfrac{P(A) - P(AB)}{1 - P(B)}$, $P(A|B) = \dfrac{P(AB)}{P(B)}$,

   从而由 $\dfrac{P(A) - P(AB)}{1 - P(B)} = \dfrac{2P(AB)}{P(B)}$ 且 $P(B) = \dfrac{1}{3}$, 可得 $P(A) = 5P(AB)$,

   所以 $P(B|A) = \dfrac{P(AB)}{P(A)} = \dfrac{1}{5}$.

   答案是 $\dfrac{1}{5}$.

2. **知识点** 随机变量数学期望的性质.

   思路分析

   数学期望的常用性质. 假设 X 是随机变量, 且其期望存在.

   (1) $E(C) = C$, C 是一常数;

   (2) 设 C 是一个常数, 则 $E(CX) = CE(X)$;

   (3) $E(x + Y) = E(x) + E(Y)$

   解答

   $E[(X + 1)^2] = E(X^2 + 2X + 1) = E(X^2) + 2E(X) + 1 = 2$, 且 $E(X) = -1$,

从而 $E(X^2) = 3$.

答案是 3.

3. **知识点**　泊松分布的概率计算.

思路分析

若 $X \sim P(\lambda)$, 则 $P\{X = k\} = \dfrac{\lambda^k \mathrm{e}^{-\lambda}}{k!}$, $k = 0, 1, 2, \cdots$, 其中 $\lambda > 0$.

解答

根据泊松分布的分布样, 有

$$P\{X \leqslant 2\} = P\{X = 0\} + P\{X = 1\} + P\{X = 2\} = \sum_{k=0}^{2} \frac{\lambda^k \mathrm{e}^{-\lambda}}{k!}$$

$$= \mathrm{e}^{-\lambda}\left(1 + \lambda + \frac{\lambda^2}{2}\right),$$

$$P\{X \leqslant 1\} = P\{X = 0\} + P\{X = 1\} = \sum_{k=0}^{1} \frac{\lambda^k \mathrm{e}^{-\lambda}}{k!} = \mathrm{e}^{-\lambda}(1 + \lambda),$$

由 $3P\{X \leqslant 2\} = 5P\{X \leqslant 1\}$, 可得 $3\left(1 + \lambda + \dfrac{\lambda^2}{2}\right) = 5(1 + \lambda)$, 解此方程,

得 $\lambda_1 = 2, \lambda_2 = -\dfrac{2}{3}$ (舍).

答案是 2.

4. **知识点**　均匀分布的性质以及随机变量函数的数学期望.

思路分析

(1) $X \sim U(a, b)$, 密度函数 $f(x) = \begin{cases} \dfrac{1}{b-a}, & a < x < b, \\ 0, & 其他, \end{cases}$ 且期望 $E(X) = \dfrac{a+b}{2}$;

(2) 设 X 的密度函数为 $f(x)$, 则 $E[g(X)] = \displaystyle\int_{-\infty}^{+\infty} g(x)f(x)\,\mathrm{d}x$.

解答

因为 $X \sim U(a, a+4)$,

所以 X 的密度函数 $f(x) = \begin{cases} \dfrac{1}{4}, & a < x < a + 4, \\ 0, & \text{其他}, \end{cases}$

期望 $E(X) = \dfrac{a + a + 4}{2} = a + 2 = 1$, 可得 $a = -1$.

从而

$$E(|X|) = \int_{-1}^{3} |x| f(x)\mathrm{d}x = \int_{-1}^{0} \left(-\frac{1}{4}x\right)\mathrm{d}x + \int_{0}^{3} \frac{1}{4}x\mathrm{d}x = \frac{5}{4}.$$

答案是 $-1, \dfrac{5}{4}$.

5. **知识点** 二维正态分布的联合分布与边缘分布的关系, 以及期望和方差的运算性质.

思路分析

(1) 若二维随机变量 $(X, Y) \sim N(\mu_1, \mu_2; \sigma_1^2, \sigma_2^2; \rho)$, 则 $X \sim N(\mu_1, \sigma_1^2)$, $Y \sim N(\mu_2, \sigma_2^2)$, ρ 是 X 和 Y 的相关系数;

(2) $\mathrm{Var}(aX + bY) = a^2\mathrm{Var}(X) + 2ab\mathrm{Cov}(X, Y) + b^2\mathrm{Var}(Y)$;

(3) $\rho_{XY} = \dfrac{\mathrm{Cov}(X, Y)}{\sqrt{\mathrm{Var}(X)}\sqrt{\mathrm{Var}(Y)}}$.

解答

由题意知, $(X, Y) \sim N(0, 1; 1^2, 2^2; -0.5)$,

故 $X \sim N(0, 1^2)$, $Y \sim N(1, 2^2)$, $\rho = -0.5$.

从而,

$$E(Z) = E(2X + Y + 1) = 2E(X) + E(Y) + 1 = 2 \times 0 + 1 + 1 = 2,$$

$$\begin{aligned} \mathrm{Var}(Z) &= \mathrm{Var}(2X + Y + 1) \\ &= 4\mathrm{Var}(X) + \mathrm{Var}(Y) + 2 \cdot 2\rho\sqrt{\mathrm{Var}(X)}\sqrt{\mathrm{Var}(Y)} \\ &= 4 \times 1 + 4 + 4 \times (-0.5) \times \sqrt{1} + \sqrt{4} \\ &= 4. \end{aligned}$$

答案是 $2, 4$.

备注

随机变量和的方差计算公式中, 关于协方差这一项经常会被遗漏. 特别需要注意, 只有当两个随机变量不相关时, 和的方差才等于方差的和.

6. **知识点**   中心极限定理, 二项分布的期望和方差以及正态分布的概率计算.

思路分析

本题是运用中心极限定理近似计算概率的问题. 中心极限定理说明: 若随机变量序列 $X_1, X_2, X_3, \cdots$ 独立同分布, 期望 $E(X_1) = \mu$, 方差 $D(X_1) = \sigma^2$ 存在, 则 $\dfrac{X_1 + X_2 + \cdots + X_n - n\mu}{\sqrt{n}\sigma}$ 依分布收敛于服从标准正态分布的随机变量, 即当 n 充分大时, $X_1 + X_2 + \cdots + X_n$ 近似服从正态分布 $N(n\mu, n\sigma^2)$. 特别地, 二项分布 $B(n, p)$ 可以用正态分布 $N(np, np(1-p))$ 近似.

解答

设 X 表示元件损坏的个数, 则 $X \sim B(400, 0.1)$.

根据中心极限定理, 得 X 近似服从 $N(40, 6^2)$.

因此, 元件损坏数目在 34 和 46 之间的概率约为

$$P\{34 \leqslant X \leqslant 46\} = \Phi\left(\frac{46 - 40}{6}\right) - \Phi\left(\frac{34 - 40}{6}\right)$$

$$= \Phi(1) - \Phi(-1) = 2\Phi(1) - 1$$

$$= 2 \times 0.8413 - 1 = 0.6826.$$

答案是 0.6826.

7. **知识点**   样本均值与样本方差的定义, 参数区间估计的置信区间.

思路分析

(1) 样本均值的观测值 $\overline{x} = \dfrac{1}{n} \sum\limits_{i=1}^{n} x_i$;

(2) 样本方差的观测值 $s^2 = \dfrac{1}{n-1} \sum\limits_{i=1}^{n} (x_i - \overline{x})^2 = \dfrac{1}{n-1}\left(\sum\limits_{i=1}^{n} x_i^2 - n\overline{x}^2\right)$;

(3) 当方差 σ^2 未知时, 均值 μ 的置信水平为 $1 - \alpha$ 的双侧置信区间为

$$\left(\overline{X} - t_{\frac{\alpha}{2}}(n-1) \cdot \frac{S}{\sqrt{n}}, \overline{X} + t_{\frac{\alpha}{2}}(n-1) \cdot \frac{S}{\sqrt{n}}\right).$$

解答

$$\overline{x} = \frac{1}{9}(24 + 28 + 31 + 35 + 27 + 34 + 27 + 31 + 24) = 29,$$

$$s^2 = \frac{1}{8}[(24-29)^2 + (28-29)^2 + (31-29)^2 + (35-29)^2$$

$$+ (27-29)^2 + (34-29)^2 + (27-29)^2 + (31-29)^2 + (24-29)^2]$$

$$= 16.$$

均值 μ 的置信水平为 0.95 的双侧置信上限为

$$\overline{x} + t_{0.025}(8)\frac{S}{\sqrt{9}} = 29 + 2.306 \times \frac{4}{3} = 32.07.$$

因此双侧置信上限是 32.07.

答案是 29, 16, 32.07.

备注

样本方差的定义式中前面的系数是 $\dfrac{1}{n-1}$, 而不是 $\dfrac{1}{n}$, 需要注意.

二、选择题

1. **知识点** 随机事件的关系与运算.

   思路分析

   可借助于维恩图. 熟悉随机事件运算的交换律, 结合律以及分配律.

   解答

   因为 $A \subset B \cup C$,

   所以 $A\overline{B} \subset (B \cup C)\overline{B} = B\overline{B} \cup C\overline{B} = C\overline{B} \subset C.$

   故选 B.

2. **知识点** 分布函数的定义.

   思路分析

   设 X 是一个随机变量, x 是任意实数, X 的分布函数 $F(x) = P\{X \leqslant x\}$.

解答

$$F_Y(y) = P\{Y \leqslant y\} = P\{2X - 1 \leqslant y\} = P\left\{X \leqslant \frac{y+1}{2}\right\} = F\left(\frac{y+1}{2}\right).$$

故选 D.

3. **知识点**　方差的计算.

思路分析

分别求出随机变量 X, Y, Z 的分布律, 再利用方差的计算公式求出 α, β, γ 的值. 方差的计算公式如下:

设随机变量 X 的期望方差存在, 则 $\mathrm{Var}(X) = E[X - E(X)]^2 = E(X^2) - [E(X)]^2$.

解答

X, Y, Z 的分布列分别为

X	0	1	2
p	$\frac{1}{6}$	$\frac{2}{3}$	$\frac{1}{6}$

Y	0	1	2
p	$\frac{1}{5}$	$\frac{3}{5}$	$\frac{1}{5}$

Z	0	1	2
p	$\frac{1}{4}$	$\frac{1}{2}$	$\frac{1}{4}$

$$E(X) = E(Y) = E(Z) = 1,$$

$$E(X^2) = \frac{4}{3}, E(Y^2) = \frac{7}{5}, E(Z^2) = \frac{3}{2},$$

$$\alpha = \mathrm{Var}(X) = \frac{1}{3}, \beta = \mathrm{Var}(Y) = \frac{2}{5}, \gamma = \mathrm{Var}(Z) = \frac{1}{2}.$$

因此, $\gamma > \beta > \alpha$.

故选 D.

4. **知识点**　指数分布的期望和方差, 切比雪夫不等式.

思路分析

(1) 设随机变量 $X \sim \mathrm{Exp}(\lambda)$, 其中参数 $\lambda > 0$, 则 $E(X) = \frac{1}{\lambda}, \mathrm{Var}(X) = \frac{1}{\lambda^2}$;

(2) 切比雪夫不等式:

$$P\{|X - E(X)| \geqslant \varepsilon\} \leqslant \frac{\mathrm{Var}(X)}{\varepsilon^2} \text{ 或等价形式: } P\{|X - E(X)| < \varepsilon\} \geqslant 1 - \frac{\mathrm{Var}(X)}{\varepsilon^2}.$$

解答

由题意, 得 $E(X) = 2$, $\mathrm{Var}(X) = 4$. 根据切比雪夫不等式, 得

$$P\{|X - 2| \geqslant \varepsilon\} \leqslant \frac{4}{\varepsilon^2}.$$

故选 C.

5. **知识点**　均匀分布的期望和方差, 点估计的无偏有效性准则.

思路分析

(1) 若 $X \sim U(a, b)$, 则 $E(X) = \dfrac{a+b}{2}$, $\mathrm{Var}(X) = \dfrac{(b-a)^2}{12}$;

(2) $E(X_1 + X_2 + \cdots + X_n) = E(X_1) + E(X_2) + \cdots + E(X_n)$;

(3) 若 $X_1, X_2, \cdots, X_n$ 相互独立, 则 $\mathrm{Var}(X_1 + X_2 + \cdots + X_n) = \mathrm{Var}(X_1) + \mathrm{Var}(X_2) + \cdots + \mathrm{Var}(X_n)$;

(4) 设 $\hat{\theta}$ 是 θ 的估计量, 若 $E(\hat{\theta}) = \theta$, 则称 $\hat{\theta}$ 是 θ 的无偏估计. 若 $\hat{\theta}_1, \hat{\theta}_2$ 都是 θ 的无偏估计量, $\mathrm{Var}(\hat{\theta}_1) \leqslant \mathrm{Var}(\hat{\theta}_2)$, 则称 $\hat{\theta}_1$ 比 $\hat{\theta}_2$ 有效.

解答

因为 $X \sim U(0, \theta)$, $Y \sim U(\theta, 2\theta)$,

所以 $E(X) = \dfrac{\theta}{2}$, $\mathrm{Var}(X) = \dfrac{\theta^2}{12}$, $E(Y) = \dfrac{3\theta}{2}$, $\mathrm{Var}(Y) = \dfrac{\theta^2}{12}$.

由于 U 是 θ 的无偏估计, 所以

$$E(U) = E(aX + bY) = aE(X) + bE(Y) = a \cdot \frac{\theta}{2} + b \cdot \frac{3\theta}{2} = \theta,$$

即 $a + 3b = 2$. 因为随机变量 X, Y 相互独立, 故

$$\mathrm{Var}(U) = \mathrm{Var}(aX + bY) = a^2 \mathrm{Var}(X) + b^2 \mathrm{Var}(Y) = \frac{\theta^2}{12}(a^2 + b^2)$$

$$= \frac{\theta^2}{6}(5b^2 - 6b + 2),$$

当 $b = \dfrac{3}{5}$ 时, $\mathrm{Var}(U)$ 取到最小值, 此时 $a = \dfrac{1}{5}$.

故选 A.

6. **知识点**   正态分布的性质, 和 χ^2 分布的定义, 正态总体的统计量.

思路分析

本题考查的是 χ^2 分布的构造, 即

(1) 若随机变量 $X \sim N(\mu, \sigma^2)$, 则 $\pm \dfrac{X-\mu}{\sigma} \sim N(0, 1)$;

(2) 若随机变量 $X_1, X_2, \cdots, X_n$ 均服从标准正态分布且相互独立, 则 $X_1^2 + X_2^2 + \cdots + X_n^2 \sim \chi^2(n)$;

(3) 设总体 $X \sim N(\mu, \sigma^2)$, $X_1, X_2, \cdots, X_n$ 是其样本, 样本均值为 $\overline{X}$, 样本方差为 S^2, 则

$$\chi^2 = \frac{(n-1)S^2}{\sigma^2} = \frac{1}{\sigma^2} \sum_{i=1}^{n} (X_i - \overline{X})^2 \sim \chi^2(n-1).$$

解答

由题意, 得

$$\frac{1}{\sigma^2}[(X_1 - \overline{X})^2 + (X_2 - \overline{X})^2 + (X_3 - \overline{X})^2] \sim \chi^2(2),$$

所以 $C = \dfrac{1}{\sigma^2} = 1$, 自由度为 2.

故选 C.

三、解答题

1. **知识点**   古典概型的抽样问题, 二维离散型随机变量联合分布律的定义及其性质, 边缘分布律的定义.

思路分析

(1) 这道题是古典概型中的抽样问题, 包括放回和不放回两种抽样方式;

(2) 第 2 小题求 (X, Y) 的联合分布律, 要清楚 X 取值对 Y 的影响, 逐个求出联合概率. 求 $P\{X < Y\}$ 需列出满足 $X < Y$ 的所有可能情况, 即 $X = 0, Y = 1; X = 0, Y = 2; X = 1, Y = 2$ 共 3 种情况. 由于所有可能的情况是互斥的, 所求的概率是它们的概率之和;

(3) 第 3 小题根据边缘分布律 $P\{Y = y_i\} = \sum_i p_{ij}$ 的定义, 将联合分布表中的概率值分别按行相加, 可以得到对应的边缘分布列.

解答

(1) $P\{X=k\} = \dfrac{C_3^k C_2^{2-k}}{C_5^2}$, $k=0,1,2$, 即

X	0	1	2
P	0.1	0.6	0.3

.

(2) $P\{X=k, Y=l\} = \dfrac{C_3^k C_2^{2-k}}{C_5^2} \dfrac{C_{3-k}^l C_2^{2-l}}{C_{5-k}^2}$, $k=0,1,2, l=0,1,2$, 即

Y \ X	0	1	2
0	0.01	0.1	0.1
1	0.06	0.4	0.2
2	0.03	0.1	0

,

$$P\{X<Y\} = P\{X=0, Y=1\} + P\{X=0, Y=2\} + P\{X=1, Y=2\}$$
$$= 0.06 + 0.03 + 0.1 = 0.19.$$

(3) 上表各行求和, 得

Y	0	1	2
P	0.21	0.66	0.13

.

2. **知识点**　一维连续型随机变量分布函数与密度函数.

思路分析

这是一道考查一维连续型随机变量的常规题目. 设连续型随机变量 X 的密度函数为 $f(x)$, 则

(1) 第 1 小题求连续型随机变量密度函数的一个待定常数, 一般根据密度函数的规范性, 即 $\int_{-\infty}^{+\infty} f(x)\mathrm{d}x = 1$, 可以得到关于常数的一个方程;

(2) 第 2 小题求连续型随机变量的分布函数 $F(x) = \int_{-\infty}^{x} f(s)\mathrm{d}s$;

(3) 第 3 小题求连续型随机变量函数的密度函数, 一般可以通过分布函数法来计算, 即先将随机变量函数的分布函数表示出来, 再通过求导来计算密度

函数. 特别地, 如果随机变量函数是单调的, 有如下的结论: 设随机变量 X 的密度函数为 $f_X(x)$, 取值范围为 (a,b), 函数 $y = g(x) : (a,b) \to (c,d)$ 是严格单调的连续函数, 且反函数 $x = h(y) : (c,d) \to (a,b)$ 可导, 则 $Y = g(X)$ 为连续型随机变量, 且密度函数为

$$f_Y(y) = \begin{cases} f_X(h(y))|h'(y)|, & c < y < d, \\ 0, & \text{其他.} \end{cases}$$

本题中随机变量的函数是 $Y = -\ln X$ 在定义域 $0 < x < 1$ 上是严格单调函数, 因此可以直接代入公式进行计算.

解答

(1) 根据密度函数的规范性, 得

$$1 = \int_0^1 (x + c)\mathrm{d}x = \frac{1}{2} + c,$$

从而 $c = \frac{1}{2}$.

(2) X 的分布函数

$$F_X(x) = \int_{-\infty}^x f(s)\,\mathrm{d}s = \begin{cases} 1, & x > 1, \\ \int_0^x \left(s + \frac{1}{2}\right)\mathrm{d}s = \frac{1}{2}(x + x^2), & 0 \leqslant x \leqslant 1, \\ 0, & x < 0. \end{cases}$$

(3) $y = -\ln x$ 严格单调, 反函数 $x = h(y) = \mathrm{e}^{-y}$, $y > 0$, 故

$$f_Y(y) = f_X(h(y))|h'(y)| = \begin{cases} \left(\mathrm{e}^{-y} + \frac{1}{2}\right)\mathrm{e}^{-y} = \mathrm{e}^{-2y} + \frac{1}{2}\mathrm{e}^{-y}, & y > 0, \\ 0, & y \leqslant 0. \end{cases}$$

3. **知识点**　二维连续型随机变量的联合密度函数和边缘密度函数的性质, 随机变量的独立性.

思路分析

这是一道考查二维连续型随机变量的常规题目. 设二维连续型随机变量 (X, Y) 的联合密度函数是 $f(x,y)$,

(1) 第 1 小题利用联合密度函数的规范性, 即 $\int_{-\infty}^{+\infty} \int_{-\infty}^{+\infty} f(x,y)\mathrm{d}x\mathrm{d}y = 1$ 求解密度函数里的待定常数的值;

(2) 边缘密度函数 $f_X(x) = \int_{-\infty}^{+\infty} f(x,y)\mathrm{d}y$, $f_Y(y) = \int_{-\infty}^{+\infty} f(x,y)\mathrm{d}x$. X 与 Y 相互独立等价于 $f(x,y) = f_X(x)f_Y(y)$;

(3) 第 3 小题利用联合密度函数计算随机事件的概率 $P\{(X,Y) \in G\} = \iint\limits_{(x,y)\in G} f(x,y)\mathrm{d}x\mathrm{d}y$.

解答

(1) 根据联合密度函数的规范性, 得

$$1 = \int_0^{+\infty} \int_0^x C\mathrm{e}^{-2x} \; \mathrm{d}y \; \mathrm{d}x = C \int_0^{+\infty} x\mathrm{e}^{-2x} \; \mathrm{d}x = \frac{C}{4},$$

故 $C = 4$.

(2) 根据边缘密度函数的计算公式,

$$f_X(x) = \begin{cases} \int_0^x 4\mathrm{e}^{-2x} \; \mathrm{d}y = 4x\mathrm{e}^{-2x}, & x > 0, \\ 0, & x \leqslant 0. \end{cases}$$

$$f_Y(y) = \begin{cases} \int_y^{+\infty} 4\mathrm{e}^{-2x} \; \mathrm{d}x = 2\mathrm{e}^{-2y}, & y > 0, \\ 0, & y \leqslant 0. \end{cases}$$

由于 $f(x,y) \neq f_X(x)f_Y(y)$, 故 X, Y 不独立.

(3)

$$P\{X + Y < 2\} = \int_0^1 \int_y^{2-y} 4\mathrm{e}^{-2x} \; \mathrm{d}x \; \mathrm{d}y$$

$$= \int_0^1 2[\mathrm{e}^{-2y} - \mathrm{e}^{-2(2-y)}] \; \mathrm{d}y$$

$$= (1 - \mathrm{e}^{-2}) - (\mathrm{e}^{-2} - \mathrm{e}^{-4}) = (1 - \mathrm{e}^{-2})^2.$$

备注

(1) 由联合密度函数求边缘密度函数, 需用公式 $f_X(x) = \int_{-\infty}^{+\infty} f(x,y)\mathrm{d}y$,

$f_Y(y) = \int_{-\infty}^{+\infty} f(x,y)\mathrm{d}x$. 若密度函数 $f(x,y)$ 为分块函数, 则要注意讨论范围及积分定限, 必要时将 $f(x,y)$ 的非零区域用图形表示, 便于讨论分析.

(2) 利用 (X,Y) 的联合密度函数 $f(x,y)$ 求 $P\{(X,Y) \in G\}$ 属于基本题型, 其中 $P\{(X,Y) \in G\} = \iint\limits_{(x,y)\in G} f(x,y)\mathrm{d}x\mathrm{d}y$, 计算二重积分时, 应找出 G 与

$f(x,y)$ 的非零区域的公共部分 D, 然后在 D 上积分.

4. **知识点**　参数的矩估计和极大似然估计.

思路分析

(1) 矩估计的基本思路是先将参数表示为矩的函数形式, 一般情况下用的是一阶原点距, 即期望, 所以本题先计算随机变量 X 的期望, 然后再将函数表达中的矩用对应的样本矩代替就得到了参数的矩估计. 本题利用 $E(X)$ 的表达式, 将参数 p 用 $E(X)$ 表示出来, 然后用 $\overline{X}$ 代替 $E(X)$ 得到参数的矩估计;

(2) 已知离散型总体 X 的分布为 $P\{X = x_i\} = p(x_i;\theta)$, $X_1, X_2, \cdots, X_n$ 是一组样本, 则其似然函数

$$L(\theta) = L(x_1, x_2, \cdots, x_n;\theta) = \prod_{i=1}^{n} p(x_i;\theta),$$

其最大值点, 是参数 θ 的极大似然估计.

(3) 几何分布的期望和方差: 设随机变量 $X \sim G(p)$, 即 $P\{X = k\} = (1-p)^{k-1}p, k = 1, 2, \cdots$, 则 $E(X) = \dfrac{1}{p}$.

解答

由于 $X \sim G(p)$, 故 $E(X) = \dfrac{1}{p}$, 从而 $p = \dfrac{1}{E(X)}$, 因此, p 的矩估计为 $\hat{p} = \dfrac{1}{\overline{X}}$.

由题意, 似然函数为

$$L(p) = \prod_{i=1}^{n} (1-p)^{x_i-1}p,$$

取对数, 并关于参数 p 求导, 得

$$\frac{\mathrm{d}\ln L(p)}{\mathrm{d}p} = \sum_{i=1}^{n}\left[(x_i - 1)\left(-\frac{1}{1-p}\right) + \frac{1}{p}\right],$$

令 $\dfrac{\mathrm{d}\ln L}{\mathrm{d}p} = 0$, 得 $p = \dfrac{n}{\sum\limits_{i=1}^{n} X_i}, \dfrac{1}{\bar{x}}, p$ 的极大似然估计 $\hat{p} = \dfrac{1}{\bar{X}}$.

备注

一般来说, 通过对似然函数求导来计算最大值点比较麻烦. 可以对似然函数取对数后, 再求导. 因为对数函数是严格单调增函数.

5. **知识点**   单正态总体关于方差、标准差的单边假设检验.

思路分析

根据题目的设问 "能否认为该设备电压值的标准差明显低于 5 V?", 可知这是一道关于方差、标准差的单边假设检验问题. 先将原假设和备择假设写出来, 选取枢变量 $\chi^2 = \dfrac{(n-1)S^2}{\sigma^2}$. 由于是单边检验, 所以拒绝域的端点是 χ^2 分布的 α-分位点.

解答

依题意, 要检验假设

$$H_0 : \sigma \geqslant \sigma_0 = 5, \quad H_1 : \sigma < 5,$$

所用的枢变量为

$$\chi^2 = \frac{(n-1)S^2}{\sigma^2} \sim \chi^2(n-1),$$

拒绝域为

$$W = \left\{\chi_0^2 = \frac{(n-1)s^2}{\sigma_0^2} < \chi_{0.05}^2(15) = 24.996\right\},$$

因为

$$\chi_0^2 = \frac{(n-1)s^2}{\sigma_0^2} = 7.776 < 24.996,$$

在拒绝域中, 故拒绝原假设, 即可以认为该设备电压值的标准差明显低于 5 V.

浙江工业大学概率论与数理统计期末试卷8解析

一、填空题

1. **知识点** 随机事件的独立性, 概率的加法公式及条件概率.

   思路分析

   已知 A, B, C 相互独立, 故它们积事件的概率等于概率的乘积, 从而在使用加法公式时 $P(A \cup B) = P(A) + P(B) - P(AB) = P(A) + P(B) - P(A)P(B)$. 此外, 计算第 2 个条件概率时, 需要用到事件的运算规律, 包括交换律、结合律和分配律.

   解答

   因为 A, B, C 相互独立,

   故 $P(AB) = P(A)P(B), P(BC) = P(B)P(C), P(AC) = P(A)P(C)$,

   $P(ABC) = P(A)P(B)P(C)$.

   从而

   $$P(A \cup B) = P(A) + P(B) - P(AB) = P(A) + P(B) - P(A)P(B) = \frac{3}{4},$$

   $$\begin{aligned} P(A \cup B \mid A \cup C) &= \frac{P((A \cup B)(A \cup C))}{P(A \cup C)} \\ &= \frac{P(A \cup BC)}{P(A \cup C)} = \frac{P(A) + P(BC) - P(ABC)}{P(A) + P(C) - P(AC)} \\ &= \frac{P(A) + P(B)P(C) - P(A)P(B)P(C)}{P(A) + P(C) - P(A)P(C)} \\ &= \frac{0.5 + 0.5 \times 0.5 - 0.5 \times 0.5 \times 0.5}{0.5 + 0.5 - 0.5 \times 0.5} = \frac{5}{6}. \end{aligned}$$

   答案是 $\dfrac{3}{4}, \dfrac{5}{6}$.

2. **知识点**　古典概型.

思路分析

这是一道古典概型计算概率的问题, 古典概型的概率是个比值, 一般用排列组合计算计数问题.

解答

采用无序样本, 从 9 张卡片中选取 3 张的取法总数为 C_9^3, 每种卡片各取到 1 张的取法总数为 $C_2^1 C_3^1 C_4^1$, 因此恰好取到 3 种卡片的概率为

$$P = \frac{C_2^1 C_3^1 C_4^1}{C_9^3} = \frac{2}{7}.$$

答案是 $\frac{2}{7}$.

备注

古典概型的计算中应注意样本是有序还是无序的.

3. **知识点**　概率的计算, 伯努利试验.

思路分析

投掷的硬币是质地不均匀的, 因此需要先求出硬币正面朝上和反面朝上的概率, 然后再求相应事件的概率.

解答

设硬币正面朝上的概率为 p, 则由题意知,

$$1 - (1-p)^3 = \frac{37}{64},$$

故 $p = \frac{1}{4}$.

从而恰有 2 次正面朝上的概率是

$$C_3^2 \times \left(\frac{1}{4}\right)^2 \times \frac{3}{4} = \frac{9}{64}.$$

答案是 $\frac{9}{64}$.

4. **知识点** 指数分布的性质.

   思路分析

   随机变量 X 服从参数为 $\lambda(\lambda \geqslant 0)$ 的指数分布, 记为 $X \sim \text{Exp}(\lambda)$,

   (1) 若 $X \sim \text{Exp}(\lambda)$, 则 $p\{X > x\} = \mathrm{e}^{-\lambda x}, x > 0$.

   (2) 指数分布具有无记忆性, 即对任意的 $s, t > 0$, 有 $P\{X > s+t \mid X > s\} = P\{X > t\}$.

   解答

   因为 $P\{X > a\} = \mathrm{e}^{-\lambda a} = \dfrac{2}{3}$,

   所以 $P\{X > 2a\} = \mathrm{e}^{-2\lambda a} = (\mathrm{e}^{-\lambda a})^2 = \dfrac{4}{9}$.

   由指数分布的无记忆性, 得

   $$P\{X > 2a \mid X > a\} = P\{X > a\} = \dfrac{2}{3}.$$

   答案是 $\dfrac{4}{9}, \dfrac{2}{3}$.

5. **知识点** 正态分布的密度函数, 期望等性质.

   思路分析

   (1) 密度函数的性质: $f(x) \geqslant 0$ 且 $\displaystyle\int_{-\infty}^{+\infty} f(x)\mathrm{d}x = 1$.

   (2) 随机变量 $X \sim N(\mu, \sigma^2)$, 密度函数为 $f(x) = \dfrac{1}{\sqrt{2\pi}\sigma}\mathrm{e}^{-\frac{(x-\mu)^2}{2\sigma^2}}, -\infty < x < +\infty, E(X) = \mu, D(X) = \sigma^2$.

   解答

   形如 $Ce^{-(ax^2+bx+c)}(a > 0)$ 的密度函数必然是正态分布的密度函数.

   根据正态分布密度函数的标准形式,

   $$f(x) = Ce^{-2x^2-x} = C \times \dfrac{1}{2}\sqrt{2\pi}\mathrm{e}^{\frac{1}{8}} \times \dfrac{1}{\sqrt{2\pi} \times \frac{1}{2}}\mathrm{e}^{-\frac{(x+\frac{1}{4})^2}{2\times(\frac{1}{2})^2}},$$

   因此 $E(X) = -\dfrac{1}{4}$.

   答案是 $-\dfrac{1}{4}$.

6. **知识点**　期望的性质和方差的计算.

思路分析

数学期望的常用性质. 假设 X 是随机变量, 且其期望存在.

(1) $E(C) = C$, C 是常数.

(2) 设 C 是一个常数, 则 $E(CX) = CE(X)$.

(3) $E(X + Y) = E(X) + E(Y)$.

(4) 方差的常用计算公式 $D(X) = E(X^2) - [E(X)]^2$.

解答

因为 $E[(X + 1)^2] = E(X^2 + 2X + 1) = E(X^2) + 2E(X) + 1 = \dfrac{13}{3}$, 且 $E(X) = 1$,

故 $E(X^2) = \dfrac{4}{3}$, 从而 $D(X) = E(X^2) - [E(X)]^2 = \dfrac{1}{3}$.

因为 $E[(X - 1)^3] = E(X^3 - 3X^2 + 3X - 1) = E(X^3) - 3E(X^2) + 3E(X) - 1$
$$= 0,$$

所以 $E(X^3) = 2$.

答案是 $\dfrac{1}{3}$, 2.

7. **知识点**　二维随机变量的方差、协方差和相关系数的计算.

思路分析

(1) X 与 Y 的相关系数 $\rho(X, Y) = \dfrac{\mathrm{Cov}(X, Y)}{\sqrt{\mathrm{Var}(X)}\sqrt{\mathrm{Var}(Y)}}$.

(2) $D(aX + bY) = a^2 D(X) + 2ab\mathrm{Cov}(X, Y) + b^2 D(Y)$.

解答

$\mathrm{Cov}(X, Y) = \rho(X, Y)\sqrt{D(X)}\sqrt{D(Y)} = -\dfrac{1}{2} \times \sqrt{2} \times \sqrt{8} = -2$.

$D\left(X - \dfrac{1}{4}Y\right) = D(X) + \dfrac{1}{16}D(Y) - 2 \times \dfrac{1}{4} \times \mathrm{Cov}(X, Y)$

$$= 2 + \dfrac{1}{16} \times 8 - 2 \times \dfrac{1}{4} \times (-2) = \dfrac{7}{2}.$$

答案是 -2, $\dfrac{7}{2}$.

备注

随机变量和的方差计算公式中, 关于协方差这一项经常会被遗漏. 特别需要注意, 只有当两个随机变量不相关时, 和的方差才等于方差的和.

8. **知识点**　中心极限定理和正态分布的概率计算.

思路分析

设 $X_1, X_2, \cdots, X_n, \cdots$ 是独立同分布随机变量序列, 期望 μ, 方差 σ^2 存在, 则

$$\frac{(X_1 + X_2 + \cdots + X_n) - n\mu}{\sqrt{n}\sigma} \xrightarrow{d} X \sim N(0, 1).$$

也就是说, 当 n 充分大时, $X_1 + X_2 + \cdots + X_n$ 近似服从正态分布 $N(n\mu, n\sigma^2)$.

解答

设机器生产一件产品的利润为 X, 依题意, X 的分布列为

X	10	7	5
p	0.2	0.5	0.3

故 $E(X) = 7, D(X) = E(X^2) - [E(X)]^2 = 3$.

根据中心极限定理, $X_1 + X_2 + \cdots + X_{300} \sim N(2100, 900)$. 因此,

$$P\{X_1 + X_2 + \cdots + X_{300} \geqslant 2070\} = 1 - P\{X_1 + X_2 + \cdots + X_{300} < 2070\}$$

$$= 1 - \Phi\left(\frac{2070 - 2100}{30}\right)$$

$$= 1 - \Phi(-1) = \Phi(1).$$

答案是 $\Phi(1)$.

9. **知识点**　期望、方差的性质, 正态分布的性质, χ^2 分布与 F 分布的定义.

思路分析

本题考查的是 F-分布的定义, 以及相关性质:

(1) 若 $X \sim N(\mu, \sigma^2)$, 则 $\pm\dfrac{X - \mu}{\sigma} \sim N(0, 1)$;

(2) 若 $X_1, X_2, \cdots, X_n$ 均服从标准正态分布且相互独立, 则 $X_1^2 + X_2^2 + \cdots + X_n^2 \sim \chi^2(n)$;

(3) 若 $X \sim \chi^2(n), Y \sim \chi^2(m)$ 且相互独立, 则 $\dfrac{X/n}{Y/m} \sim F(n,m)$.

(4) 设总体 $X \sim N(\mu, \sigma^2)$, $X_1, X_2, \cdots, X_n$ 是其样本, 样本均值为 $\overline{X}$, 样本方差为 S^2, 则

$$\chi^2 = \frac{(n-1)S^2}{\sigma^2} = \frac{1}{\sigma^2}\sum_{i=1}^n (X_i - \overline{X})^2 \sim \chi^2(n-1).$$

解答

由题意,

$$\frac{1}{\sigma^2}[(X_1 - \overline{X})^2 + (X_2 - \overline{X})^2 + (X_3 - \overline{X})^2] \sim \chi^2(2),$$

故 $\left(\dfrac{X_4 - X_5}{\sqrt{2}\sigma}\right)^2 \sim \chi^2(1)$, 又相互独立, 根据 F 分布的定义

$$\frac{\dfrac{1}{2\sigma^2}[(X_1 - \overline{X})^2 + (X_2 - \overline{X})^2 + (X_3 - \overline{X})^2]}{\left(\dfrac{X_4 - X_5}{\sqrt{2}\sigma}\right)^2}$$

$$= \frac{[(X_1 - \overline{X})^2 + (X_2 - \overline{X})^2 + (X_3 - \overline{X})^2]}{(X_4 - X_5)^2} \sim F(2,1).$$

因此, 自由度为 $(2,1)$, $C = 1$.

答案是 $(2,1)$, 1.

二、选择题

1. **知识点**　随机事件的关系与运算, 概率的计算.

   思路分析

   运用事件的运算规律以及概率的计算公式逐项验证, 对于不能证明的选项, 可举反例说明.

   解答

   对于选项 (A) 和 (B), 我们举例特殊情况说明它们不成立.

   对于选项 (A), 由于 $A \subseteq B \cup C$, 我们假设 $A = B, AC \neq \varnothing$, 则

   $$P(B|A) + P(C|A) = \frac{P(AB) + P(AC)}{P(A)} = \frac{P(A) + P(AC)}{P(A)} > 1.$$

对于选项 (B), 取 $B = C \subset A$, 且 $P(B) = \dfrac{1}{2} P(A) P(B|A) + P(C|A) = \dfrac{1}{2} + \dfrac{1}{2} = 1$, 且 $A \subseteq B \cup C$ 不成立,

选项 (C): 若 $ABC = \varnothing$, 则 $P(ABC) = 0$, 从而

$$P(B \cup C|A) = \frac{P(A(B \cup C))}{P(A)} = \frac{P(AB \cup AC)}{P(A)}$$

$$= \frac{P(AB) + P(AC)}{P(A)} = P(B|A) + P(C|A).$$

反之, $P(B \cup C|A) = P(B|A) + P(C|A)$ 可以推出 $P(ABC) = 0$, 但是不能推出 $ABC = \varnothing$.

故选 C.

备注

$P(A) = 0$ 与 $A = \varnothing$ 不等价. 即不可能事件的概率一定为 0, 但概率为 0 的事件不一定是不可能事件.

2. **知识点**　二项分布的性质, 分布函数的定义及表示.

思路分析

(1) 随机变量 X 服从二项分布, 记为 $X \sim B(n, p)$, 则 $P\{X = k\} = \mathrm{C}_n^k p^k (1 - p)^{n-k}$, $k = 0, 1, 2, \cdots, n$;

(2) 设 X 是一个随机变量, x 是任意实数, 称 $F(x) = P\{X \leqslant x\}$ 为 X 的分布函数;

(3) 设 $X_1 \sim B(n_1, p)$, $X_2 \sim B(n_2, p)$ 相互独立, 则 $X_1 + X_2 \sim B(n_1 + n_2, p)$;

(4) 二项系数的性质：约定对整数 $k < 0$ 或 $k > n$, 有 $\mathrm{C}_n^k = 0$, 则

$$\mathrm{C}_n^k = \frac{n!}{k!(n-k)!} = \frac{[k + (n-k)] \cdot (n-1)!}{k!(n-k)!} = \mathrm{C}_{n-1}^{k-1} + \mathrm{C}_{n-1}^k.$$

解答

依题意, $X \sim B(n, p)$, $Y \sim B(m, p)$, 随机变量 X, Y 分别表示做 n 次和 m 次伯努利试验成功的次数, 其中单次试验成功的概率相等, 但是试验次数不同, 显然两个随机变量之间并没有大小之分, 所以 A 与 B 都不对. 从直观

上, $n > m$, X 取值比 Y 大的可能性大, 则 $P\{X \leqslant z\}$ 的应该比 $P\{Y \leqslant z\}$ 小, 证明如下.

证法 1: 设随机变量 $Z \sim B(n-m, p)$ 且与 Y 独立, 则

$Y + Z \sim B(n, p)$ 与 X 同分布.

因此, $F_X(z) = P\{X \leqslant z\} = P\{Y + Z \leqslant z\}$.

因为 $\{Y + Z \leqslant z\} \subseteq \{Y \leqslant z\}$,

所以 $F_X(z) = P\{Y + Z \leqslant z\} \leqslant P\{Y \leqslant z\} = F_Y(z)$.

证法 2: 只需证明当 $n = m + 1$ 时, $F_X(z) \leqslant F_Y(z)$, 然后归纳可得. 对任意非负整数 k,

$$F_X(k) = P\{X \leqslant k\} = \sum_{i=0}^{k} C_{m+1}^i \, p^i (1-p)^{m+1-i}$$

$$= \sum_{i=0}^{k} (C_m^i + C_m^{i-1}) \, p^i (1-p)^{m+1-i}$$

$$= \sum_{i=0}^{k} C_m^i \, p^i (1-p)^{m+1-i} + \sum_{i=1}^{k} C_m^{i-1} \, p^i (1-p)^{m+1-i}$$

$$= \sum_{i=0}^{k} C_m^i \, p^i (1-p)^{m+1-i} + \sum_{i=0}^{k-1} C_m^i \, p^{i+1} (1-p)^{m-i}$$

$$\leqslant \sum_{i=0}^{k} C_m^i \, p^i (1-p)^{m+1-i} + \sum_{i=0}^{k} C_m^i \, p^{i+1} (1-p)^{m-i}$$

$$= \sum_{i=0}^{k} C_m^i \, [p^i (1-p)^{m+1-i} + p^{i+1} (1-p)^{m-i}]$$

$$= \sum_{i=0}^{k} C_m^i \, p^i (1-p)^{m-i} = F_Y(k).$$

故选 D.

3. **知识点** 二维连续型随机变量的联合密度函数和边缘密度函数的性质, 随机变量的独立性.

思路分析

设二维连续型随机变量 (X, Y) 的联合密度函数是 $f(x, y)$，则

(1) $f(x, y) \geqslant 0, \displaystyle\int_{-\infty}^{+\infty}\int_{-\infty}^{+\infty} f(x, y)\mathrm{d}x\mathrm{d}y = 1$;

(2) 边缘密度函数 $f_X(x) = \displaystyle\int_{-\infty}^{+\infty} f(x, y)\mathrm{d}y, f_Y(y) = \displaystyle\int_{-\infty}^{+\infty} f(x, y)\mathrm{d}x$;

(3) X 与 Y 相互独立等价于 $f(x, y) = f_X(x)f_Y(y)$.

(4) X 与 Y 独立等价于 $f(x, y)$ 是变量可分离的函数，即存在 $h(x), g(y)$ 使得 $f(x, y) = h(x)g(y)$; 此时 $f_x(x) = ch(x), f_x(y) = cg(y), c \neq 0$.

解答

方法 1：设 $xy + Ax + \dfrac{1}{6}y + B = (x + a)(y + b)$，则 $b = A, ab = B, a = \dfrac{1}{6}$，且

$$f_X(x) = c(x + a), 0 < x < 1,$$

$$f_Y(y) = \frac{1}{c}(y + b), 0 < y < 1,$$

其中 a, b, c 是待定常数. 由密度函数的规范值，得

$$1 = \int_0^1 c(x + a)\mathrm{d}x = \frac{1}{2}c + \frac{1}{6}c \Rightarrow c = \frac{3}{2},$$

$$1 = \int_0^1 \frac{2}{3}(y + b)\mathrm{d}x = \frac{1}{3} + \frac{2}{3}b \Rightarrow b = 1,$$

所以 $A = b = 1, B = \dfrac{1}{6} \times 1 = \dfrac{1}{6}$.

方法 2：根据密度函数的规范性，

$$\int_{-\infty}^{+\infty}\int_{-\infty}^{+\infty} f(x, y)\mathrm{d}x\mathrm{d}y = \int_0^1\int_0^1 \left(xy + Ax + \frac{1}{6}y + B\right)\mathrm{d}x\mathrm{d}y = 1,$$

可得 $\dfrac{1}{2}A + B = \dfrac{2}{3}$. X 与 Y 的边缘密度函数为

$$f_X(x) = \int_{-\infty}^{+\infty} f(x, y)\mathrm{d}y = \int_0^1 \left(xy + Ax + \frac{1}{6}y + B\right)\mathrm{d}y = \left(\frac{1}{2} + A\right)x + \frac{1}{12} + B,$$

$$f_Y(y) = \int_{-\infty}^{+\infty} f(x, y)\mathrm{d}x = \int_0^1 \left(xy + Ax + \frac{1}{6}y + B\right)\mathrm{d}x = \frac{2}{3}y + \frac{1}{2}A + B.$$

X 与 Y 独立, 则

$$xy + Ax + \frac{1}{6}y + B = \left[\left(\frac{1}{2} + A\right)x + \frac{1}{12} + B\right]\left(\frac{2}{3}y + \frac{1}{2}A + B\right).$$

得

$$\begin{cases} \left(\frac{1}{2} + A\right) \cdot \frac{2}{3} = 1, \\ \left(\frac{1}{2} + A\right)\left(\frac{1}{2} + A + B\right) = A, \\ \left(\frac{1}{12} + B\right) \cdot \frac{2}{3} = \frac{1}{6}, \\ \left(\frac{1}{12} + B\right)\left(\frac{1}{2} + A + B\right) = B, \end{cases}$$

解此方程组得

$A = 1, B = \frac{1}{6}.$

故选 A.

4. **知识点**   假设检验的两类错误.

思路分析

当 H_0 为真时拒绝 H_0 的错误称为第一类错误, 也称为 "弃真" 错误, 其概率为 $P\{$拒绝 $H_0|H_0\} = \alpha$. 当 H_0 不真时接受 H_0 的错误称为第二类错误, 也称为 "取伪" 错误, 其概率为 $\beta = P\{$接受 $H_0|H_1\}$.

解答

第二类错误的概率为 $\beta = P\{$接受 $H_0|H_1\}$, 即在 H_0 不真的情况, 接受 H_0 的概率. 因为 H_0 不真, 故取 $p = \frac{2}{3}$, 从而

$$P\{\text{接受 } H_0\} = 1 - P(W|H_1) = 1 - P\{X_1 + X_2 < 1|H_1\}$$

$$= 1 - P\{X_1 = 0, X_2 = 0|H_1\} = 1 - \left(1 - \frac{2}{3}\right)^2 = \frac{8}{9}.$$

故选 D.

三、解答题

1. **知识点** 一维离散型随机变量.

   思路分析

   (1) 这道题是一维离散型随机变量的典型题目. 第 1 小题求分布列中的一个待定常数, 一般根据规范性来求, 即 $\sum p_k = 1$;

   (2) 第 2 小题求 $P\{X$是奇数$\}$, 列出满足条件的所有可能情况, 由于这些情况是互斥的, 因此所求概率是它们的概率之和.

   (3) 第 3 小题求离散型随机变量函数的数学期望, $E[g(X)] = \sum_{k=1}^{n} g(x_k)p_k$.

   解答

   (1) 根据规范性得

   $$\sum_{k=1}^{3} P\{X = k\} = C(3 + 7 + 13) = 1,$$

   则 $C = \dfrac{1}{23}$.

   (2) $P\{X$是奇数$\} = P\{X = 1\} + P\{X = 3\} = 16C = \dfrac{16}{23}$.

   (3) $E\left(\dfrac{1}{X(X+1)}\right) = C\sum_{k=1}^{3} \dfrac{k^2 + k + 1}{k(k+1)} = \dfrac{15}{4}C = \dfrac{15}{92}$.

2. **知识点** 一维连续型随机变量.

   思路分析

   这是一道考查一维连续型随机变量的常规题目. 设连续型随机变量 X 的密度函数为 $f(x)$, 则

   (1) 第 1 小题求连续型随机变量密度函数的待定常数, 一般都是根据密度函数的规范性, 即 $\int_{-\infty}^{+\infty} f(x)\mathrm{d}x = 1$ 可以得到关于常数 A, B 的一个方程. 再利用 $P\{X < 2\} = \dfrac{1}{2}$, 可以得到另一个关于常数 A, B 的方程. 二者联立, 即可求出 A, B 的值.

(2) 第 2 小题求随机变量的期望和方差, 需要用到连续型随机变量的期望的定义式 $E(X) = \int_{-\infty}^{+\infty} xf(x)\mathrm{d}x$ 和方差的计算公式 $D(X) = E(X^2) - [E(X)]^2$. 计算方差的时候, 求 X^2 的期望, 需要用到连续型随机变量函数的期望的计算公式, 若 $Y = g(X)$, 则 $E(Y) = \int_{-\infty}^{+\infty} g(x)f(x)\mathrm{d}x$.

解答

(1) 根据密度函数的规范性, 得

$$\int_{-\infty}^{+\infty} f(x)\mathrm{d}x = \int_{-1}^{1} Ax^2\mathrm{d}x + \int_{1}^{3} Bx\mathrm{d}x = \frac{2}{3}A + 4B = 1.$$

依题意, 有

$$P\{X < 2\} = \int_{-1}^{1} Ax^2\mathrm{d}x + \int_{1}^{2} Bx\mathrm{d}x = \frac{2}{3}A + \frac{3}{2}B = \frac{1}{2}.$$

因此, 得到 $A = \dfrac{3}{10}$, $B = \dfrac{1}{5}$.

(2) $E(X) = \int_{-1}^{1} Ax^3\mathrm{d}x + \int_{1}^{3} Bx^2\mathrm{d}x = \dfrac{26}{3}B = \dfrac{26}{15}$;

$E(X^2) = \int_{-1}^{1} Ax^4\mathrm{d}x + \int_{1}^{3} Bx^3\mathrm{d}x = \dfrac{2}{5}A + 20B = \dfrac{103}{25}$;

$D(X) = E(X^2) - (E(X))^2 = \dfrac{251}{225}$.

3. **知识点**　二维离散型随机变量.

   思路分析

   (1) 这是一道二维离散型随机变量的题目, 首先要明确 X 与 Y 的关系, 以及 X, Y 所有可能的取值, 再求出相应的概率, 得到联合分布律.

   (2) 第 2 小题求 $P\{2X + Y = 4\}$, 根据 X, Y 的取值, 确定满足 $2X + Y = 4$ 的所有可能情况, 由于这些情况是互斥的, 因此所求概率是它们的概率之和.

   (3) 第 3 小题根据边缘分布律 $P\{X = x_i\} = \sum_{j} p_{ij}$ 的定义, 将联合分布表中的概率值分别按行相加, 按列相加, 可以得到对应的边缘分布列.

解答

(1) 依题意, $X+Y=2$, X,Y 可取值为 $0,1,2$, 且

$$P\{X=2,Y=0\}=\left(\frac{1}{2}\right)^2=\frac{1}{4},$$

$$P\{X=1,Y=1\}=\mathrm{C}_2^1\times\frac{1}{2}\times\frac{1}{2}=\frac{1}{2},$$

$$P\{X=0,Y=2\}=\left(\frac{1}{2}\right)^2=\frac{1}{4}.$$

因此, (X,Y) 的联合分布律如下

X＼Y	0	1	2
0	0	0	$\frac{1}{4}$
1	0	$\frac{1}{2}$	0
2	$\frac{1}{4}$	0	0

(2) $P\{2X+Y=4\}=P\{X=2,Y=0\}=\frac{1}{4}$.

(3) 根据 $P\{X=x_i\}=\sum\limits_j p_{ij}$, 可得 X 的边缘分布律

X	0	1	2
p	$\frac{1}{4}$	$\frac{1}{2}$	$\frac{1}{4}$

4. **知识点**　二维连续型随机变量.

思路分析

这是一道考查二维连续型随机变量的常规题目. 设二维连续型随机变量 (X, Y) 的联合密度函数是 $f(x,y)$, 则

(1) 第 1 小题利用联合密度函数的规范性, 即 $\int_{-\infty}^{+\infty}\int_{-\infty}^{+\infty}f(x,y)\mathrm{d}x\mathrm{d}y=1$ 来求密度函数里的待定常数的值.

(2) 第 2 小题利用联合密度函数计算随机事件的概率 $P\{(X, Y) \in G\} = \iint\limits_{(x,y)\in G} f(x, y)\mathrm{d}x\mathrm{d}y.$

(3) 边缘密度函数 $f_X(x) = \int_{-\infty}^{+\infty} f(x, y)\mathrm{d}y$, $f_Y(y) = \int_{-\infty}^{+\infty} f(x, y)\mathrm{d}x$. X 与 Y 相互独立等价于 $f(x, y) = f_X(x)f_Y(y)$.

解答

(1) 根据密度函数的规范性,

$$\int_1^2 \int_1^2 \frac{Ay}{x^2}\mathrm{d}x\mathrm{d}y = A \int_1^2 \frac{1}{x^2}\mathrm{d}x \int_1^2 y\mathrm{d}y = \frac{3}{4}A = 1,$$

得到 $A = \dfrac{4}{3}$.

(2) $P\{X < Y\} = \int_1^2 \left(\int_1^y \frac{Ay}{x^2}\,\mathrm{d}x \right)\mathrm{d}y = \int_1^2 Ay\left(1 - \frac{1}{y}\right)\mathrm{d}y = \frac{A}{2} = \frac{2}{3}.$

(3) X 与 Y 的边缘密度函数分别为

$$f_X(x) = \int_{-\infty}^{+\infty} f(x, y)\,\mathrm{d}y = \begin{cases} \dfrac{2}{x^2}, & 1 < x < 2, \\ 0, & \text{其他}, \end{cases}$$

$$f_Y(y) = \int_{-\infty}^{+\infty} f(x, y)\,\mathrm{d}x = \begin{cases} \dfrac{2}{3}y, & 1 < y < 2, \\ 0, & \text{其他}. \end{cases}$$

满足 $f(x, y) = f_X(x)f_Y(y)$, 故 X 与 Y 独立.

5. **知识点**　参数的矩估计和极大似然估计.

思路分析

(1) 矩估计的基本思路是先将参数表示为矩的函数形式, 一般情况下用的是一阶原点距, 即期望, 所以本题先计算随机变量 X 的期望, 然后再将函数表达中的矩用对应的样本矩代替就得到了参数的矩估计. 本题利用 $E(X)$ 的表达式, 将参数 θ 用 $E(X)$ 表示出来, 然后用 $\bar{X}$ 代替 $E(X)$ 得到参数的矩估计.

(2) 极大似然估计: 已知总体 X 的密度函数为 $f(x;\theta)$, $X_1, X_2, \cdots, X_n$ 是一组样本, 则似然函数为

$$L(x_1, x_2, \cdots, x_n; \theta) = \prod_{i=1}^{n} f(x_i; \theta),$$

$L(\theta)$ 取的最大值的点 $\tilde{\theta}$ 是参数 θ 的极大似然估计.

解答

由 $E(X) = \int_{\theta}^{+\infty} x e^{-(x-\theta)} dx = \theta + 1$, 得 $\theta = E(X) - 1$. 故矩估计为

$$\tilde{\theta} = \overline{X} - 1 = \frac{1}{n}(X_1 + X_2 + \cdots + X_n) - 1.$$

由题意, 似然函数为

$$L(\theta) = \begin{cases} \displaystyle\prod_{i=1}^{n} e^{-(x_i - \theta)} = e^{-\left(\sum\limits_{i=1}^{n} x_i\right) + n\theta}, & \theta \leqslant \min\{x_1, x_2, \cdots, x_n\}, \\ 0, & \text{其他} \end{cases}$$

似然函数 $L(\theta)$ 关于参数 θ 单调递增, 故当 $\theta = \min\{x_1, x_2, \cdots, x_n\}$ 时, $L(\theta)$ 取得最大值. 因此, θ 的极大似然估计为

$$\tilde{\theta} = \min\{x_1, x_2, \cdots, x_n\}.$$

6. **知识点**   单正态总体关于均值的单边假设检验.

思路分析

显著性检验的基本思想是有明显的证据时才拒绝原假设, 否则接受原假设. 因此拒绝原假设时, 备择假设是显著的. 根据题目的设问 "能否认为该仪器附近的磁场强度的均值明显低于 50 T?" 可知这是一道关于均值的单边假设检验问题. 首先将原假设和备择假设写出来, 问题是 "明显低于", 因此, 备择假设为 $\mu < 50$; 再选取枢变量 $t = \dfrac{\overline{X} - \mu}{S/\sqrt{n}}$. 由于是单边检验, 所以拒绝域的端点是 t 分布的 α 分位点.

解答

假设检验 $H_0 : \mu \geqslant \mu_0 = 50, H_1 : \mu < 50$. 枢变量

$$t = \frac{\overline{X} - \mu}{S/\sqrt{n}} \sim t(n-1),$$

查表知, $t_{0.05}(8) = 1.8595$, 故拒绝域是 $W = \left\{ t_0 = \frac{\overline{x} - \mu_0}{s/\sqrt{n}} < 1.8595 \right\}.$

经计算 $t_0 = \dfrac{\overline{x} - \mu_0}{s/\sqrt{n}} = \dfrac{46 - 50}{5/3} = -2.4 < 1.8595,$

在拒绝域中, 因此拒绝 H_0, 即可以认为该仪器附近的磁场强度的均值低于 50 T.